陆战之王

全球坦克精选

军情视点 编

化学工业出版社

·北京·

本书精心选取了世界各国研制的100种经典坦克，每种坦克均以简洁精炼的文字介绍了研发历史、武器构造及作战性能等方面的知识。为了增强阅读趣味性，并加深读者对坦克的认识，书中不仅配有大量清晰而精美的鉴赏图片，还增加了详细的数据表格，使读者对坦克有更全面且细致的了解。

本书不仅是广大青少年朋友学习军事知识的不二选择，也是军事爱好者收藏的绝佳对象。

图书在版编目（CIP）数据

陆战之王：全球坦克精选100 / 军情视点编．—北京：化学工业出版社，2019.3（2023.1重印）
（全球武器精选系列）
ISBN 978-7-122-33872-3

Ⅰ．①陆… Ⅱ．①军… Ⅲ．①坦克－世界－普及读物
Ⅳ．①E923.1-49

中国版本图书馆CIP数据核字（2019）第027053号

责任编辑：徐　娟　　　文字编辑：冯国庆
责任校对：杜杏然　　　封面设计：刘丽华

出版发行：化学工业出版社（北京市东城区青年湖南街13号　邮政编码100011）
印　　装：中煤（北京）印务有限公司
710mm×1000mm　1/16　印张13　字数300千字　2023年1月北京第1版第7次印刷

购书咨询：010-64518888　　　售后服务：010-64518899
网　　址：http://www.cip.com.cn
凡购买本书，如有缺损质量问题，本社销售中心负责调换。

定价：69.80元

坦克是陆军机械化思维的延续品，第一次世界大战和第二次世界大战时期，坦克由于刚刚被发明、研制出来，发动机发展还很缓慢，水平不高，当时坦克速度慢，火炮也小，所以炮弹发射距离短。对于陆军将领来说，在远距离战斗中，坦克火力不够怎么办？这时主战坦克就应运而生了。

由于新部件日益增多，坦克的结构日趋复杂，成本和保障费用也大幅度提高。为了更好地发挥坦克的战斗效能，降低成本，在坦克的研制中越来越重视采用系统工程方法进行设计，努力控制坦克的重量，并提高整车的可靠性、有效性、维修性和耐久性。第二次世界大战后的一些局部战争大量使用坦克的战例和许多国家的军事演习表明，坦克在现代高技术战争中仍将发挥重要作用。

未来地面作战中，坦克也仍然是重要的突击武器。许多国家正依据各自的作战思想，积极地利用最新成就，发展新型主战坦克。新型主战坦克的摧毁力、生存力和适应性都有较大幅度的提高，这也同时是坦克未来的发展方向。

本书精心选取了世界各国研制的 100 种经典坦克，每种坦克均以简洁精炼的文字介绍了研发历史、武器构造及作战性能等方面的知识。为了增强阅读趣味性，并加深读者对坦克的认识，书中不仅配有大量清晰而精美的鉴赏图片，还增加了详细的数据表格，使读者对坦克有更全面且细致的了解。

作为传播军事知识的科普读物，最重要的就是内容的准确性。本书的相关数据资料均来源于国外知名军事媒体和军工企业官方网站等权威途径，坚决杜绝抄袭拼凑和粗制滥造。在确保准确性的同时，我们还着力增加趣味性和观赏性，尽量做到将复杂的理论知识用简明的语言加以说明，并添加了大量精美的图片。因此，本书不仅是广大青少年朋友学习军事知识的不二选择，也是军事爱好者收藏的绝佳对象。

参加本书编写的有丁念阳、黄萍、黄成等。在编写过程中，国内多位军事专家对全书内容进行了严格的筛选和审校，使本书更具专业性和权威性，在此一并表示感谢。

由于水平有限，加之军事资料来源的局限性，书中难免存在疏漏之处，敬请广大读者批评指正。

编者
2019 年 2 月

目录

第 1 章 • 坦克漫谈 /001

第 2 章 • 轻型坦克 /009

第 3 章 • 中型坦克 /051

第 4 章 • 重型坦克 /095

第5章 • 主战坦克 /130

参考文献 /202

第 1 章

坦克漫谈

坦克是现代陆上作战的主要武器之一，是具有直射火力、越野能力和装甲防护力的履带式装甲战斗车辆，主要用于执行与对方坦克或其他装甲车辆作战，也可以压制、消灭反坦克武器，摧毁工事，歼灭敌方陆上力量。

•坦克的发展历程

1898 年，英国发明家弗雷德里克 · 西姆斯在四轮汽车上安装了装甲和机枪，制成了世界上第一辆带有武器的装甲车辆。这辆装甲车被称为“西姆斯”装甲车，运行时车速可达 4 千米 / 小时。1900 年，英国将装甲车投入到英布战争中。

第一次世界大战（以下简称一战）中，堑壕和机枪彻底阻止了步兵的冲锋，以堑壕和机枪为核心的“堑壕战”登上了历史的舞台。尽管参战各国普遍装备了用普通卡车底盘改装的装甲车，但由于无法逾越战场上纵横密布的战壕，因此只能用于执行侦察和袭击的作战任务。

弗雷德里克 · 西姆斯制造的装甲车

为了克制机枪的优势，打破战场的僵局，英国于 1915 年利用汽车、拖拉机履带、枪炮等制造技术，试制了一辆被称为“小游民”的装甲车样车。为了保密，英国的研制人员称这种武器为“水柜”（Tank），其中文音译就是“坦克”。由于这辆样车的机动性能不能满足要求，英国又在 1916 年初制造了第二辆样车，并命名为“大游民”，该样车定型投产后称为 Mark Ⅰ型坦克。这种坦克于 1916 年 9 月 15 日首次应用在索姆河战役上，在战场上表现出色，使参战各国大为震惊。

一战期间，英国又在 Mark Ⅰ型坦克的基础上，先后设计生产了 Mark Ⅱ型至 Mark Ⅴ型坦克，其中 Mark Ⅳ型坦克的生产数量最多，参加了费莱尔、康布雷等著名战役，并一直使用到一战结束。与此同时，英国还设计生产了“赛犬”中型坦克、C 型中型坦克等。

法国是继英国之后第二个生产坦克的国家，先后研制了“施纳德”突击坦克、“圣沙蒙”突击坦克、FT-17 轻型坦克和 Char 2C 重型坦克。1917 年，德国也开始制造 A7V 坦克。

由于一战以堑壕战为主，加上装甲车对道路有很大的依赖性，因此在一定程度上限制了装甲车的发展。但由于成本低廉，可靠性高，装甲车在一战中也有所发展。一战末期，英国研制出了装甲运兵车。虽然车上的装甲可使车内士兵免受枪弹的伤害，但习惯于徒步作战的步兵仍把首批装甲运兵车称为“沙丁鱼罐头”和“带轮的棺材”。

Mark Ⅳ型坦克

两次世界大战之间，各国积极探索坦克的运用与编组方式，主要有两种主流意见：一种意见认为坦克应该是支援步兵的一个系统，因此需要搭配步兵部队的编制与作战形态，平均分配给步兵单位指挥调度；另一种意见则认为坦克应该集中起来使用，利用坦克的火力、防护与机动力三项特性作为战场上突破与攻坚的主力角色。

二战战场上的“谢尔曼”中型坦克

第二次世界大战（以下简称二战）爆发后，德军装备了大量坦克与装甲车，以闪电式快速机动作战横扫欧洲，令世界为之震惊，也再次唤醒了各国对坦克和装甲车的重视。战争初期，德军大量装备使用装甲运兵车，显著地提高了步兵的机动作战能力，并且由于步兵可乘车伴随坦克进攻，也提高了坦克的攻击力。

1940 ~ 1942 年间，英军在利比亚的作战行动更加引发了各国研制装甲车的热情。英国和美国率先开始大批生产装甲车，在地面战争中与德国展开决战。到 1942 年 10 月时，英国在中东地区的装甲车数量约有 1500 辆。战争中后期，苏德战场上曾多次出现有数千辆坦克参加的大会战。在北非战场、诺曼底战役以及远东战役中，也有大量坦克参战。战争期间，坦克经受了各种复杂条件下的战斗考验，成为地面作战的主要突击兵器。坦克与坦克、坦克与反坦克武器的激烈对抗，也促进了中型、重型坦克技术的迅速发展，坦克的结构形式趋于成熟，火力、机动、防护三大性能全面提高。

二战后，在欧洲国家中，德国、英国和法国一直非常重视轮式装甲车的发展。为满足作战时的使用需要，它们改变了两次世界大战期间利用卡车简单改造装甲车的做法，而是通过精心的设计，制造出一系列全新的车型。这些车型奠定了现代装甲车的基本构造样式。这一时期内，装甲运兵车得到迅猛发展，许多国家把装备装甲运兵车的数量看作是衡量陆军机械化、装甲化的标志之一。

与此同时，苏联、美国、英国、法国等国家借鉴大战使用坦克的经验，设计制造了新一代坦克。20 世纪 60 年代出现的一批战斗坦克，火力和综合防护能力达到或超过以往重型坦克的水平，同时克服了重型坦克机动性能差的弱点，从而停止了传统意义的重型坦克的发展，形成一种具有现代特征的战斗坦克，因此被称为主战坦克。

20 世纪 70 年代以来，现代光学、电子计算机、自动控制、新材料、新工艺等方面的技术成就，日益广泛地应用于坦克与装甲车的设计和制造，使坦克与装甲车的总体性能有了显著提高，更加适应现代战争要求。而二战后的一些局部战争大量使用坦克和装甲车的战例及许多国家的军事演习表明，坦克与装甲车在现代高技术战争中仍将发挥重要作用。

美军装备的 M1“艾布拉姆斯”主战坦克

奔驰如飞的“豹”2 主战坦克

•坦克的分类

坦克按战斗全重和火炮口径的大小可分为轻型、中型、重型三种。20 世纪 60 年代以来，许多国家将坦克按用途分为主战坦克和特种坦克。

轻型坦克

轻型坦克是早期坦克的一种类型。早期坦克是按照战斗全重和火炮口径来分类的，重 10 ~ 24 吨，火炮口径不超过 100 毫米，主要用于侦察、警戒，也可用于特定条件下的作战。轻型坦克是相对于传统中型和重型坦克而言，是外形小、质量轻、速度快、通行性高的战斗坦克。

“蝎”式轻型坦克

中型坦克

中型坦克也是早期坦克的一种类型。除具有较大的破坏威力外，坦克炮的命中精度也很高，西方世界认为中型坦克重 25 ~ 42 吨，苏联认为中型坦克重 28 ~ 42 吨，火炮口径最大为 105 毫米，主要用于遂行装甲兵的作战任务。中型坦克是比较灵活的多用途坦克，能够胜任如侦察、支援甚至攻击等多种角色。喷火坦克是二战至越南战争时期出现的坦克衍生型，主要是把主炮或机枪移除，改为射程可达数十米的火焰喷射器。

T-34 中型坦克

重型坦克

重型坦克重 42 ~ 80 吨，火炮口径最大为 130 毫米，主要用于支援中型坦克战斗。其特点是火炮口径大，炮管长，攻击力大。因为坦克火炮口径大，意味着攻击力大。重型坦克火炮口径有 88 毫米、90 毫米、100 毫米、105 毫米、107 毫米、120 毫米、122 毫米、128 毫米、130 毫米几种。同时，重型坦克车体装甲厚，抵御炮击的能力强。重型坦克外形庞大，质量惊人，拥有重型装甲和强力火炮，每辆重型坦克都是一股不容忽视的力量。重型坦克使用的主要弹种是尖头或钝头穿甲弹、榴弹。

“虎”式重型坦克

主战坦克

主战坦克是装有大威力火炮、具有高度越野能力和装甲防护力的履带式装甲战斗车辆，一般全重为 40 ~ 60 吨，从 20 世纪 80 年代开始各国的主战坦克的质量有快速增加的趋势，火炮口径多为 105 毫米以上。滑膛炮也在 80 年代开始成为许多国家设计新一代主战坦克的首选，以增强对装甲的破坏力。

“挑战者”2 主战坦克

•坦克的未来发展趋势

目前坦克装备与技术的发展正处在转型升级的关键时期，规划、选择好技术发展方向成为十分急迫和重要的课题。陆军装备朝体系化、信息化发展是必须坚持的技术发展方向，但在技术途径和发展策略上应适当调整。网络等信息系统的顶层设计至关重要，武器装备总体作战效能的提升不能过分强调信息集成的作用而忽视武器装备平台集成的知识和经验。轻量化、电气化、防护主动化、无人化成为坦克技术发展最重要、最明确的发展方向。

未来坦克的总体结构可能有突破性的变化，出现如外置火炮式、无人炮塔式等布置形式。火炮口径有进一步增大趋势，火控系统将更加先进、完善；动力传动装置的功率密度将进一步提高；各种主动与被动防护技术、光电对抗技术以及战场信息自动管理技术，将逐步在坦克上推广应用。各国在研制中，十分重视坦克无人化，减轻质量，减小形体尺寸，控制费用增长。可以预料，新型主战坦克的摧毁力、生存力和适应性将有较大幅度的提高，这也同时是坦克未来的发展方向。主战坦克战斗全重一般为 40 ~ 70 吨，典型型号如苏联的 T-72、德国的“豹”2、美国的 M1“艾布拉姆斯”等。

现代战场上主战坦克与 V-22“鱼鹰”倾转旋翼机配合作战

正在开火的“挑战者”2 主战坦克

准备作战的 M1“艾布拉姆斯”坦克

第 2 章

轻型坦克

轻型坦克是早期坦克的一种类型，主要用于侦察、警戒，也可用于特定条件下作战。轻型坦克外形小、质量轻、速度快、通行性高，在历次大战中曾充分发挥自己快速机动的长处。

No. 1 美国 M2 轻型坦克

基本参数	
长度	4.42 米
宽度	2.46 米
高度	2.64 米
质量	11.6 吨
最大行程	320 千米
最大速度	58 千米 / 小时

M2 轻型坦克是美国在太平洋战争初期使用的轻型坦克，虽然只有少数参加战斗，但却是二战期间美国轻型坦克发展路线的重要一步。

•研发历史

1935 年，美国根据英国维克斯 MK.E 坦克研制了 M2 轻型坦克，其主要武器是 1 挺安装在单人炮塔里的 12.7 毫米机枪。在交付了 10 辆样车之后，美军认为单一的机枪威力和射击范围有限，于是决定改用双炮塔型，也就是独立的 2 个小机枪塔，各自安装 1 挺 7.62 毫米机枪。西班牙内战之后，美国认识

行驶中的 M2 坦克

到自己的装甲部队需要更先进的坦克，于是将 M2 轻型坦克的双机枪塔换成了一个安装 37 毫米炮的炮塔，同时将装甲厚度增加到 25 毫米，并改善了车体悬挂、动力传输和发动机冷却装置。

1940 年法国被德国迅速占领后，极大地刺激了美国的坦克项目。美军开始在 1940 年 7 月组建独立的装甲部队，而 M2 轻型坦克的各种改型就是新装甲部队的主要武器。1940 年 7 月后，在 M2 轻型坦克的基础上，M3 轻型坦克被制造出来。1941 年 3 月，M2 轻型坦克正式宣布停止生产，让位给 M3 轻型坦克。1941 年 12 月之前，M2 轻型坦克已经退出作战序列，成为训练坦克。即使这样，还是有几辆 M2A4 轻型坦克参加了瓜达尔卡纳尔岛战役。直到 1943 年，美国海军陆战队一直使用这些坦克与日军进行岛屿争夺战。

•武器构造

M2 轻型坦克主要有 M2A1（1935 年，10 辆）、M2A2（1935 年，239 辆）、M2A3（1938 年，72 辆）和 M2A4（1940 年，375 辆）四种型号。M2A1 仅有一个装备 12.7 毫米机枪的单人炮塔，M2A2 装有两个各自安装 1 挺 7.62 毫米机枪的双人炮塔，M2A3 主要加厚了装甲并提高了底盘，M2A4 改换装有 37 毫米炮的单人炮塔。该坦克通常有 4 名乘员，即指挥官、炮手、驾驶员和副驾驶员。

草丛中的 M2 坦克

•作战性能

该坦克机动性能差，火力薄弱，诞生不久就已经落后，除此之外，M2 坦克虽然双机枪塔的作战效率很低，但这是同时期轻型坦克的共同特征之一，无论是维克斯坦克、苏联的 T-26 坦克还是波兰的 7TP 坦克。

士兵正在维修 M2 坦克

一辆在阿伯丁试验场展示的 M2 坦克

No. 2 美国 M3/M5“斯图亚特”轻型坦克

基本参数	
长度	4.84 米
宽度	2.23 米
高度	2.56 米
质量	15.2 吨
最大行程	160 千米
最大速度	58 千米 / 小时

M3/M5“斯图亚特”是美国在二战中制造数量最多的轻型坦克。欧洲战场上的英军以美国南北战争名将詹姆斯·尤厄尔·布朗·斯图亚特（J.E.B. Stuart）为其命名，在英国还拥有“甜心”（Honey）的非官方昵称。美国陆军则仅以“M3 轻型坦克”和“M5 轻型坦克”作为官方名称。

•研发历史

二战初期，随着欧洲情势日渐紧张，美国坦克设计师意识到 M2 轻型坦克已经过时，于是进行了整体升级计划，以 1938 年推出的 M2A4 轻型坦克设计进行强化，包括更换引擎、加厚装甲、采用加入避弹设计炮塔以及新的 37 毫米主炮、因应加重的车身质量而修改驱动轮及悬挂系统。

准备出战的 M3 坦克

新的坦克被命名为“M3 轻型坦克”，于 1941 年 3 月至 1943 年 10 月间生产，由美国汽车与铸造公司（American Car and Foundry Company）负责。改良型 M3A1

于 1941 年 8 月服役。尽管使用单位抱怨该坦克火力不足，改良型 M5 轻型坦克依然保留了 37 毫米主炮。M5 自 1942 年开始生产后逐渐取代了 M3，并在 1944 年被 M24 轻型坦克取代。

M3 坦克侧面特写

M3/M5“斯图亚特”是美国以及其盟国在二战中使用最广泛的轻型坦克，从欧洲、北非到菲律宾，甚至在东南亚的丛林及岛屿上都有它的踪迹。此外还在《租借法案》的推广下陆续提供给苏联、法国、南斯拉夫、葡萄牙及若干中南美洲国家使用，其中有部分国家甚至持续使用至 1996 年。

• 武器构造

如同其前身 M2A4 轻型坦克，M3 坦克装备 1 门 37 毫米 M5 主炮，以及 3 挺 M1919A4 机枪：1 挺与主炮同轴，1 挺在炮塔顶端，1 挺在副驾驶座前方。车身采用斜面设计，并将驾驶舱盖移到上方，但由于车身过高且有许多棱角，给了对手很大的射击面积。M3 使用两个新式凯迪拉克七气缸辐射型引擎（星形发动机），总功率为 184 千瓦。1941 年，由于引擎材料开始短缺，有约 500 辆 M3 改装上了吉伯森（Guiberson）T-1020 柴油引擎。

M3A1 坦克搭配了有动力旋转装置的改良型同质焊接式炮台，具有一个陀螺稳定器，可使 37 毫米主炮于行进中能精准射击，炮塔内部采用吊篮式设计。M3A2 坦克也采用焊接式设计，主要结构与 M3A1 大同小异，但没有投入生产。之后的 M3A3 则有许多地方被重新修改，包括炮塔、车身以及车身机枪座。

草坪上的 M3 坦克

• 作战性能

正在参战中的 M3 坦克

英国陆军最早在实战中使用 M3 坦克。1941 年 11 月，大约 170 辆“斯图亚特”坦克参与了北非战场的十字军行动，但结果令人失望，主要的缺陷在于 37 毫米主炮威力太弱，以及拙劣的内部配置。日军步兵很少配有反坦克武器，面对敌军坦克时多采用近距离的攻击战术，因此在这里，“斯图亚特”坦克的威力只逊色于中型坦克。

No. 3 美国 M22“蝉”轻型坦克

基本参数	
长度	3.94 米
宽度	2.16 米
高度	1.85 米
质量	15.2 吨
最大行程	217 千米
最大速度	64 千米 / 小时

M22 是美国 20 世纪 40 年代研制的轻型坦克，英国曾根据《租借法案》接收该坦克，并将其命名为“蝉”式。

•研发历史

1941 年 2 月 27 日，美国装甲兵委员会、美国陆军航空队和军械局的代表开会商讨空降坦克及运载飞机的可行性设计，并引起了英国坦克采购委员会的浓厚兴趣。1941 年 5 月，军械局第 16747 号文件将空降坦克正式立项，并命名为 T9 轻型坦克。当年 8 月，玛蒙 · 哈宁顿公司提交了自己的设计方案，最终被军方认可，并于 1942 年 4 月

草坪上的 M22 坦克

接收了首辆样车。

与此同时，道格拉斯航空工业公司也开始了运载飞机的设计工作，方案是将坦克的炮塔去掉后设法悬挂在 C54 型大型运输机的机腹上。而美军的使用方案是，坦克炮塔由车组乘员携带置于飞机内，利用降落伞着陆后再将炮塔安装在坦克车身上投入战斗。

1943 年 4 月，T9E1 型坦克在玛蒙 · 哈宁顿工厂投入量产，直到 1944 年 2 月共有 830 辆出厂。当年 9 月，该坦克被划分为限制标准型，并重新命名为 M22 轻型坦克。英国根据《租借法案》接收了 260 辆 M22，命名为“蝉”式，并投入了横跨莱茵河的空降作战。而美国伞兵部队仅将 M22 用于训练。

•武器构造

由于美国陆军航空队和英国方面严格要求将坦克质量控制在 7.1 吨内，因此 M22 原型 所安装的射击稳定器、炮塔旋转动力装置、双航向机枪都被拆除，同时坦克也应用了很多新式组件，如 M6 型炮塔潜望镜，车长和炮手的独立舱门，改善了前部车体的防弹外形，并在悬挂装置处加装了加固横梁。

M22 坦克前侧方特写

英军为 M22 坦克安装了烟雾发射装置，并在 37 毫米炮上试制安装了小约翰锥膛增压装置，使用钨芯穿甲弹，利用炮膛从 37 ~ 30.3 毫米的管径变化，炮弹的炮口初速度可以达到 1200 米 / 秒，为此 M6 型 37 毫米炮管进行了相应缩短。

•作战性能

M22 坦克采用莱康明航空发动机和玛蒙 · 哈宁顿悬挂装置，战斗全重 7.4 吨，采用 119 千瓦的莱康明 O-435T 气冷式汽油发动机，最大速度 64 千米 / 小时，前部大角度倾斜装甲厚 13 毫米。坦克载油量 57 加仑（1 加仑 = 3.78 升），最大行程 217 千米。

M22 坦克正在开火

参战中的 M22 坦克

No. 4 美国 M24“霞飞”轻型坦克

基本参数	
长度	5.56 米
宽度	3.00 米
高度	2.77 米
质量	18.4 吨
最大行程	160 千米
最大速度	56 千米 / 小时

M24“霞飞”坦克是美国在二战中期开始使用的一种轻型坦克，主要用于取代 M3/M5“斯图亚特”轻型坦克。除美国外，法国、希腊、巴基斯坦、菲律宾和沙特阿拉伯等国家也有采用。

●研发历史

为了取代在二战爆发时配备的 M3 与 M5 坦克，美国陆军决定以 M5 坦克的动力系统，加上改良的悬挂系统与 75 毫米火炮，25.4 毫米厚度装甲，以及质量不超过 16 吨作为新式轻型坦克的设计标准。遗憾的是，M5A1 坦克的炮塔空间过小，无法安装 75 毫米炮，而其他型号的坦克也无法达到标准。于是，通用汽车凯迪拉克汽车部门便展开了名为 T-24 的新一

M24 坦克前侧方特写

代轻型坦克的研制计划。1943 年 10 月 15 日，新一代轻型坦克定型并命名为 M24，1944 年 3 月开始量产，1944 年 12 月开始装备位于法国的美军第二骑兵群，并参与了突出部战役。

M24 坦克前侧方视角

M24 坦克以美国装甲兵之父阿德纳 · 霞飞将军命名，堪称二战中性能最好的轻型坦克之一。M24 虽然是轻型坦克，但拥有一门 75 毫米口径主炮，火力较强。不过该坦克的装甲防护较差，容易被敌方坦克甚至单兵反坦克武器击毁。除二战外，M24 还参与了越南战争、第三次印巴战争。1973 年，挪威还将 79 辆 M24 升级为驱逐坦克使用，并服役到 1993 年。

•武器构造

M24 坦克的主炮为 75 毫米 M6 火炮，具备击毁德国四号坦克的能力。此外，该坦克还配有 2 挺 7.62 毫米机枪和 1 挺 12.7 毫米机枪作为辅助武器。M24 作为轻型坦克，其装甲较为薄弱，车身装甲厚度 13~25 毫米，炮塔 13~38 毫米。

M24 坦克 3D 图

展览中的 M24 坦克

•作战性能

M24 坦克采用 2 台凯迪拉克 44T24 V8 水冷 4 冲程汽油发动机，输出功率为 164 千瓦。采用液力机械式传动装置和独立扭杆式悬挂装置，最大行驶速度 56 千米 / 小时，最大行程 160 千米。

前进中的 M24 坦克

准备出战的 M24 坦克

No. 5 美国 M41“华克猛犬”轻型坦克

基本参数	
长度	5.82 米
宽度	3.20 米
高度	2.71 米
质量	23.5 吨
最大行程	161 千米
最大速度	72 千米 / 小时

M41“华克猛犬”坦克是美国在二战后不久研制、1953 年列入美军装备的轻型坦克，主要用于装甲师侦察营和空降部队，遂行侦察、巡逻、空降以及同敌方轻型坦克和装甲车辆作战等任务。

•研发历史

二战后由于美国和苏联关系日益紧张，面对苏军强大的装甲力量，美国在 1949 年决定研制 T41 轻型坦克、T42 中型坦克和 T43 重型坦克（即后来的 M103 重型坦克）3 种新型坦克。其中 T41 是准备用来取代 M24“霞飞”坦克的一种轻型坦克，1951 年投入生产并正式命名

展览中的 M41 坦克

为 M41“华克猛犬”坦克，其名源于美国名将沃尔顿·华克。

M41 坦克由 M24 坦克改进而成，加强了火力，重新设计了炮塔、防盾、弹药储存、双向稳定器及火控系统，并提高了机动性，但防护仍然较弱。后来，美军中的 M41 坦克虽被 M551“谢里登”轻型坦克取代，但它仍在世界许多国家和地区装备。

●武器构造

M41“华克猛犬”坦克是美国第一种主动轮后置的轻型坦克，车体用钢板焊接，炮塔是铸造的。驾驶员位于车前左侧，使用 3 个 M17 潜望镜进行观察。车长、炮手位于战斗舱右侧，装填手在左侧，炮塔有 1 个向右打开的单扇舱盖。车长在指挥塔内使用 5 个观察镜和 M20A1 潜望镜进行周视。炮手使用 M20A1 潜望镜和 M97A1 瞄准镜进行观瞄。装填手位置有 1 个向前打开的单扇舱盖，可使用 M13 潜望镜进行观察。

M41 坦克前侧方特写

★ M41 坦克

●作战性能

M41“华克猛犬”坦克装有 76 毫米 M32 火炮，该炮采用立式滑动炮闩、液压同心式反后坐装置、惯性撞击射击机构，可发射榴弹、破甲弹、穿甲弹、榴霰弹、黄磷发烟弹等多种弹药，弹药基数 57 发。

准备出战的 M41 坦克

前进中的 M41 坦克

No. 6 美国 M551“谢里登”轻型坦克

基本参数	
长度	6.30 米
宽度	2.80 米
高度	2.30 米
质量	15.2 吨
最大行程	560 千米
最大速度	70 千米 / 小时

M551“谢里登”坦克是美国于 20 世纪 60 年代研制的轻型坦克，主要装备空降部队。

•研发历史

20 世纪 50 年代末期，M41“华克猛犬”坦克已经无法满足新的作战需求，所以美国陆军装甲部队急需一种轻型坦克，而被美国陆军寄予厚望的 T-92 轻型坦克计划又因为其不具备浮渡能力而遭到否决，因此美国陆军展开了 1 个新的轻型坦克研制计划。1960 年 6 月，通用汽车公司凯迪拉克分公司的方案从竞争中脱颖而出，并被命名为 ARAAV

草坪上的 M551 坦克

XM551。此后，凯迪拉克公司展开了正式研制工作。1961年8月，美国陆军将XM551命名为“谢里登”。1966年5月，XM551正式定型为M551坦克，并开始批量生产。

前进中的M551坦克

•武器构造

M551坦克的车身主要采用铝合金制造，主要部位加装钢制装甲，车身前方是驾驶舱，车身中央是钢铸炮塔，为了增加防护力而被设计成贝壳形，凭借曲面弧度令来袭炮弹滑开。炮塔内可容纳3人，车长和炮手在炮塔内右侧，装填手在左侧。车身中部是战斗舱，后部是动力舱。该坦克有5对负重轮，主动轮后置，诱导轮前置，无托带轮。负重轮为中空结构，以增加浮力。第一、第五负重轮安装液压减振器。

M551坦克

•作战性能

M551坦克的主炮是1门152毫米M81滑膛炮，能发射多用途强压弹、榴弹、黄磷发烟弹和曳光弹，还能发射MGM-51A反坦克导弹。该坦克的辅助武器是1挺7.62毫米M73同轴机枪和1挺12.7毫米M2重机枪。M551坦克可以用C-130运输机空运和空投，在空投时会被固定在一块铝制底板上。

参战中的M551坦克

编队出战的M551坦克

No. 7 英国“蝎”式轻型坦克

基本参数	
长度	4.79 米
宽度	2.35 米
高度	2.10 米
质量	8.1 吨
最大行程	644 千米
最大速度	79 千米 / 小时

“蝎”式坦克是英国 20 世纪 60 年代为陆军研制的两种侦察车型之一（另一种是“狐”式轮式侦察车），已被多个国家的军队采用。目前阿尔维斯有限公司仍在不断地改进车辆的零部件，以改进越野性和可靠性。

•研发历史

1967 年 9 月，英国阿尔维斯有限公司获得了生产 17 辆样车的合同。1969 年 10 月，比利时订购了 701 辆“蝎”式坦克及变型车。1972 年 1 月，第一批生产型车交付英国陆军，比利时的第一批订货则在 1973 年 2 月交付。1973 年末，英国第 14 和第 20 轻骑兵团的“蝎”式坦克在演习中首次露面。目前，“蝎”式坦克是英军使用最广泛

“蝎”式坦克侧前方视角

停留在地面上的"蝎"式坦克

的战车之一，1981 年开始装备英国皇家海军陆战队和皇家空军，并出口伊朗、尼日利亚和沙特阿拉伯等国家。

英国陆军每个坦克团装备 8 辆"蝎"式坦克，3 辆"苏尔坦"(Sultan) 指挥车，1 辆"斯巴达人"(Spartan) 装甲人员输送车，1 辆"大力士"(Samson) 装甲抢救车。在 1982 年的马岛战争中，英国陆军使用了 2 辆"蝎"式坦克、4 辆"弯刀"步兵战斗车和 1 辆"大力士"装甲抢救车，这些战车均表现出良好性能。

•武器构造

"蝎"式坦克的车体为铝合金全焊接结构，驾驶员位于车体前部左侧，动力舱在前部右侧，战斗舱在后部。驾驶员有 1 个单扇舱盖，装有 1 个广角潜望镜，夜间可换为皮尔金顿 (Pilkington) 被动式潜望镜。车长位于铝合金全焊接结构的炮塔左侧，炮长在右侧，左右各有 1 个单扇舱盖。此外，该坦克还采用扭杆悬挂，在前后负重轮安装有液压杠杆式减振器。无线电设备安装在炮塔尾舱，车后部有三防装置。任选设备包括三防探测器、车辆导航仪和空调设备。

草坪上的"蝎"式坦克

•作战性能

"蝎"式坦克在无任何装备的情况下可涉水深达 1.067 米。顶部四周安装有浮渡围帐，可在 5 分钟内架好。在水上靠履带推进和转向，水上速度达 6.5 千米 / 小时，如安装推进器则可达 9.5 千米 / 小时。最大公路速度 80 千米 / 小时，越野速度 65 千米 / 小时，最大行程 670 千米。

展出中的"蝎"式坦克

游行中的"蝎"式坦克

No. 8 英国维克斯 MK. E 轻型坦克

基本参数	
长度	4.88 米
宽度	2.41 米
高度	2.16 米
质量	7.3 吨
最大行程	160 千米
最大速度	35 千米 / 小时

维克斯 MK.E 坦克又称为维克斯六吨坦克（Vickers 6-Ton），是由英国维克斯 - 阿姆斯特朗公司研制的。该坦克虽然没有被英国陆军大量采用，但却被其他国家大量采用或授权生产，各型产量高达 12000 辆以上，堪称二战前除了法国雷诺 FT-17 坦克以外全世界最普遍的坦克。

•研发历史

1928 年，MK.E 坦克的原型车在维克斯公司下属的工厂完成。英国陆军虽然对其进行了测评，但是最后并没有采用。主要原因是因为悬挂系统可靠性的问题，在英国确定不签订单后，维克斯公司开始对国外潜在买主发广告进行宣传，不久之后就有买主上门，但都仅限于少量购买，之后至二战爆发英国禁止军火出口为止，维

早期的 MK. E 坦克

博物馆中的 MK. E 坦克

克斯公司只售出了 153 辆 MK.E 坦克。

苏联是 MK.E 坦克的第一个海外用户，1931 年苏联购买了 15 辆 A 型坦克与苏联自行研发的坦克进行测评，随后证明 MK.E 坦克比苏联研发的坦克更优秀，因此苏联决定向英国购买专利授权生产并改进此款坦克，苏联自行生产的 MK.E 坦克即为 T-26 轻型坦克（生产近 12000 辆）。除此之外，日本、希腊、波兰、泰国、西班牙、葡萄牙、玻利维亚、保加利亚和芬兰等国家也少量采购了 MK.E 坦克。除了坦克构型以外，MK.E 坦克的底盘也改造成重炮牵引车，英国陆军曾少量采购该坦克用于拖运 127 毫米榴弹炮。

•武器构造

MK.E 坦克的车身采用当时技术成熟的铆焊制法，为了保持一定程度的机动性，装甲略显薄弱。除此之外，该坦克的车身悬挂系统上采用了台车式悬挂系统。双轨构造，左右各四对。这种悬挂系统被认为是一种相当好的系统，可以承受长距离行驶。

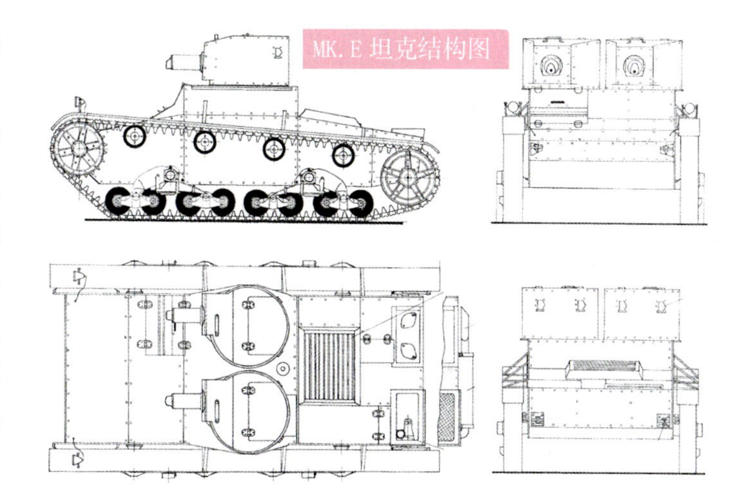
MK. E 坦克结构图

•作战性能

MK.E 坦克的动力来源为维克斯公司研制的直立式四缸汽油引擎，可让坦克在铺装路面 上以 35 千米 / 小时的速度前进。此外，MK.E 坦克的双人炮塔可以让车长专心观测，将火力装填的任务交给装填手，并做到即时射击。

外展中的 MK. E 坦克

MK. E 坦克前方视角

No. 9 英国“瓦伦丁”轻型坦克

基本参数	
长度	5.41 米
宽度	2.63 米
高度	2.27 米
质量	16 吨
最大行程	140 千米
最大速度	24 千米 / 小时

“瓦伦丁”坦克是二战中英国产量最多的坦克之一，各型生产量占英国战时所生产战车总数的 1/4。该坦克被大量供应给苏联，同时有相当数量由加拿大生产。

•研发历史

“瓦伦丁”坦克由英国陆军部在 1938 年 2 月拨款研发，设计工作由维克斯 - 阿姆斯特朗公司负责。为了节约成本，“瓦伦丁”直接使用了 Mk Ⅱ巡航坦克（A10）的底盘。该坦克从 1940 年开始生产，一直持续到 1944 年 4 月，可以说是英国坦克中生产数量最大的种类之一，总数量为 8275 辆。根据《租借法案》和其他条令，

博物馆中的“瓦伦丁”坦克

"瓦伦丁"坦克与士兵合照

英国向苏联提供了 2394 辆"瓦伦丁"坦克，其中大部分装上了苏军的 76.2 毫米口径火炮，从莫斯科战役开始到战争结束，苏军一直在使用这种坦克。苏军对此的评价是：虽然火力、机动和舒适性都不尽如人意，但是较小的目标、较好的防护和出色的可靠性确实是非常值得称赞的。此外，新西兰和埃及等国家的军队也装备了"瓦伦丁"坦克。

•武器构造

维克斯－阿姆斯特朗公司试图在 Mk Ⅱ巡航坦克较轻的车体质量基础上，使用大间距悬挂和传动部件，然后加上一定的装甲，但是 Mk Ⅱ巡航坦克的体积本来就不大，这样就造成了"瓦伦丁"坦克拥挤不堪的车体和小得可怜的炮塔。"瓦伦丁"坦克的装甲虽然比不上同时代的"玛蒂尔达"坦克，车身四周为 60 毫米，炮塔四周也只有 65 毫米，但是这样的设计在同级别坦克里已属不错。

★"瓦伦丁"坦克模型图

•作战性能

"瓦伦丁"Mk Ⅰ～MK Ⅶ型的主要武器是一门玛蒂尔达的 40 毫米火炮，Mk Ⅷ～Mk Ⅹ型的主要武器是一门 57 毫米火炮，Mk Ⅺ型的主要武器是一门 75 毫米反坦克炮。各型的辅助武器都是一挺并列的贝沙 7.92 毫米气冷机枪。Mk Ⅰ型使用 AEC A189 汽油引擎，Mk Ⅱ型、Mk Ⅲ型和 Mk Ⅵ型使用 AEC A190 汽油引擎，Mk Ⅳ型、Mk Ⅴ型和 Mk Ⅶ～Ⅺ型则使用 GMC 6004 汽油引擎，这些发动机的功率都不是很大，优点是着火概率较小。由于构造简单，"瓦伦丁"坦克的生产相对容易，造价也比较低。该坦克的变型车有自行反坦克炮，自行榴弹炮和坦克架桥车等。

草坪中的"瓦伦丁"坦克

"瓦伦丁"坦克侧面视角

No. 10 法国雷诺 FT-17 轻型坦克

基本参数	
长度	5.00 米
宽度	1.74 米
高度	2.14 米
质量	6.5 吨
最大行程	60 千米
最大速度	20 千米 / 小时

雷诺 FT-17 坦克是法国在一战时期生产的轻型坦克。它作为世界上第一款 360 度旋转炮塔式坦克而闻名于世，被著名历史学家史蒂芬 · 扎洛加称为“世界第一部现代坦克”。

•研发历史

当英国制造出世界上第一辆坦克后，法国也紧随其后成为第二个制造坦克的国家。由于法国施耐德公司的 CA1 坦克项目未能取得预期效果，法国政府转而与雷诺汽车公司签订了研发合同。1916 年 2 月，雷诺汽车公司制成了新坦克的模型。1917 年初制造出第一辆样车，同年 4 月 9 日开始官方试验，并取得了法国军方的认可。1917 年 9 月，第一批生产型坦克出厂，定名为雷诺 FT-17 轻型坦克。1918 年 3 月开始装备法军，到一战结束时，一共生产了 3187 辆。除法国外，美国、波兰、巴西、芬兰、日本、荷兰、西班牙、比利时和瑞士等国家都购买过这种坦克。

展览中的 FT-17 坦克

雷诺 FT-17 坦克第一次参加战斗是在 1918 年 5 月 31 日的雷斯森林防御战。一战后，它还参加了西班牙内战。1940 年德军入侵法国时，法军还有

1560 辆雷诺 FT-17 坦克。这些坦克大部分被德军缴获，被用作固定火力点或用于警卫勤务，直到 1944 年德军被逐出法国全境为止。雷诺 FT-17 坦克从 1918 年服役到 1944 年，长达 26 年，参加了两次世界大战，在坦克发展史上占有重要地位。

•武器构造

为方便批量生产，雷诺 FT-17 坦克的车身装甲板大部分采用直角设计，便于快速接合。FT-17 坦克首次采用引擎、战斗室、驾驶舱各以独立舱间安装的设计，这样的设计让引擎的废气与噪音被钢板隔开，改善了士兵作战环境。为了改善作战人员的视野与缩小火力死角，因此设计了可 360 度转动的炮塔。这些创新的实用设计日后成为各国坦克的设计核心概念。考虑到量产便利性，原型车使用的铸造圆锥形炮塔在量产初期改为铆钉接合的八角形炮塔，随后又改为铸造炮塔。

★ FT-17 坦克结构图

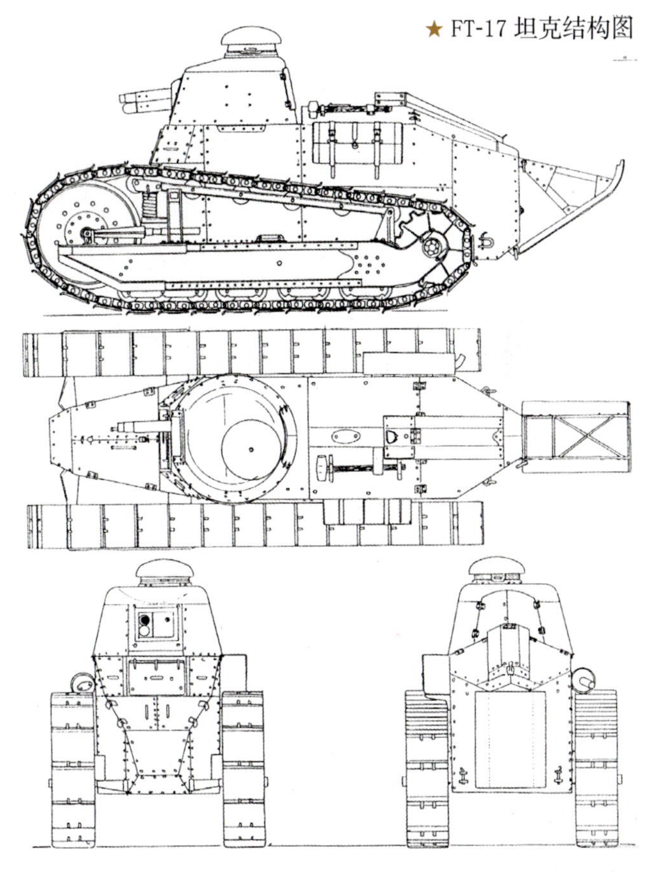

FT-17 坦克的发动机、变速箱、主动轮在后，驾驶等操纵装置在前，而且只需 1 名驾驶员即可。其炮塔位于车体中前部，占据全车的制高点，使车长的视界非常开阔，提高了坦克的火力反应及速度。

•作战性能

FT-17 坦克的装甲最薄处为 6 毫米，最厚处为 22 毫米。在机动力方面，FT-17 坦克的 26 千瓦汽油发动机能提供 7 千米 / 小时的最大速度，不仅如此，该坦克还能够爬上 27 度以下的坡道，并可以跨越 1.8 米的壕沟。

外展中的 FT-17 坦克

No. 11 法国 FCM-36 轻型坦克

基本参数	
长度	4.46 米
宽度	2.14 米
高度	2.20 米
质量	12.4 吨
最大行程	225 千米
最大速度	24 千米 / 小时

FCM-36 坦克是法国在二战时期研制的轻型坦克，也是法国第一种投入量产的使用柴油发动机的坦克。

•研发历史

1933 年，哈奇开斯公司首先提出设计用于步兵支援目的的坦克计划。随后，哈奇开斯、雷诺以及索玛公司均设计出了各自的步兵坦克。而索玛公司因为之前有 Char -B1 重型坦克和 Char -2C 重型坦克的制造设计经验，所以设计出的坦克使用了焊接的方式连接钢板（当时的坦克一般是使用铆钉），并使用柴油发动机和倾斜装甲。但由于这种坦克非常容易抛锚，再加上质量超标以及火力薄

展览中的 FCM-36 坦克

弱，所以此设计并未通过评估，之后，索玛公司对其进行了改进。1936 年 7 月 9 日，这种坦克通过了审核并正式定名为 FCM-36 坦克。

•武器构造

FCM-36 坦克的外观比较现代化，拥有六边形的炮塔和倾斜装甲。该坦克采用螺旋弹簧悬挂，有 5 个前进挡，1 个后退挡。此外，该坦克还是一种双人坦克，仅有车长和驾驶员两名乘员。

FCM-36 坦克上方视角

•作战性能

FCM-36 坦克只有 1 门 37 毫米火炮和 1 挺 7.5 毫米同轴机枪，因此该坦克的火力较差。该坦克动力装置为 1 台 V-4 柴油机，功率为 67 千瓦。

外展中的 FCM-36 坦克

No. 12 法国 AMX-13 轻型坦克

基本参数	
长度	6.36 米
宽度	2.51 米
高度	2.35 米
质量	13.7 吨
最大行程	400 千米
最大速度	60 千米 / 小时

AMX-13 坦克是法国于 20 世纪 50 年代研制的轻型坦克，主要用于对抗敌方战车以及侦察。

•研发历史

1946 年，当时的法国面临着海外殖民地的独立问题，因此法国陆军急需一款能够空运的轻型坦克。新式坦克从 1946 年开始由伊希莱姆利诺工厂设计，第一辆原型车于 1948 年出厂，因其重 13.7 吨而被命名为 AMX-13 坦克。1952 年，罗昂制造厂开始生产 AMX-13 坦克。1964 年后，生产工作交给了克勒索 · 卢瓦尔公司，而罗昂制造厂转为生产 AMX-30 主战坦克。随

展览中的 AMX-13 坦克

后，AMX-13 坦克的产量大为减少，最终于 1987 年停止生产。

•武器构造

AMX-13 坦克的车体为钢板焊接结构，前上装甲板上有两个舱口，左面是驾驶员舱口，右面是动力传动装置检查舱口。驾驶员舱盖安装 3 个潜望镜，中间 1 个可换成红外或微光驾驶仪。车长位于炮塔内左侧，并使用 8 个潜望镜观察。炮手在其右侧，使用 2 个潜望镜观察。

AMX-13 坦克侧面视角

此外，AMX-13 坦克没有三防装置和夜视仪器，且不能涉深水，所以许多国家在购买 AMX-13 之后又增添了炮手红外瞄准镜和红外探照灯等。

•作战性能

AMX-13 坦克安装有 1 门 75 毫米火炮，火炮配有穿甲弹和榴弹。20 世纪 60 年代初，AMX-13 坦克换装了 90 毫米火炮，可发射尾翼稳定脱壳穿甲弹、破甲弹、榴弹、烟幕弹以及照明弹。不仅如此，该坦克还采用了 FL-10 摇摆式炮塔，可以降低炮塔高度、缩小炮塔座圈直径，因而也减小了坦克的车宽和质量，同时还便于实现装弹自动化。

前进中的 AMX-13 坦克

参战中的 AMX-13 坦克

No. 13 德国一号轻型坦克

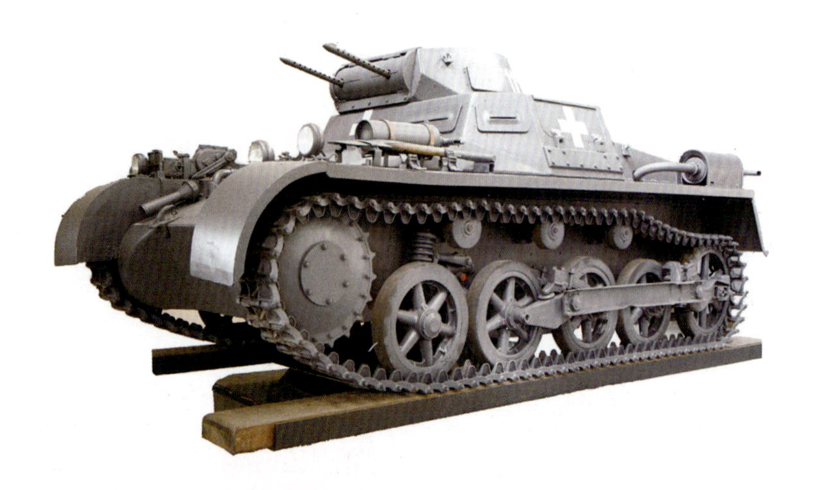

基本参数	
长度	4.02 米
宽度	2.06 米
高度	1.72 米
质量	5.4 吨
最大行程	200 千米
最大速度	50 千米 / 小时

一号坦克是德国于 20 世纪 30 年代研制的轻型坦克，由于它被设计成训练车辆，无法与同时期其他国家的轻型坦克相比。即便如此，该坦克仍在德国于二战初期的一连串闪电战攻势中占有相当的地位。

•研发历史

一号坦克自 1932 年开始设计，1934 年开始生产，德国军械署赋予它的编号为“第 101 号特殊用途车辆”（Sd-Kfz101）。该坦克最初仅作为德军建构新一代的装甲战斗与技术时所使用的训练车辆，后来将其投入了西班牙内战。由于累积了使用经验，一

一号坦克

号坦克在德军于二战初期的闪击行动中作用极大，帮助德军分别于 1939 年和 1940 年击败了波兰与法国。到了 1941 年，一号坦克的底盘被用于建造突击炮和自行反坦克炮。西班牙还将一号坦克进行升级改装来延长其服役寿命，最后一直服役到 1954 年。

•武器构造

一号坦克 A 型为轻型双人座坦克，车身装甲极为薄弱，且有许多明显的开口、缝隙以及缝合处，而引擎的功率也相当小。齿轮箱为标准的商用撞击式，共有 5 个前进挡和 1 个倒车挡。车身乘载系统外部有大型的横杠，自外部连接每个路轮的轮轴直到惰轮为止。履带的驱动轮位于前方，坦克底盘下方有一根传动轴从引擎经由驾驶员的脚旁连接到驱动轮。两名成员共用同一间战斗舱，驾驶员从车旁的舱门进入，而车长则由炮塔上方进入。在舱盖完全闭合的情况下，车内成员的视野极差，因此车长大多数时候都要冒出炮塔以求更佳的视野。炮塔是通过手来转动的，由车长负责操控炮塔上的两挺机枪，共携有 1525 发弹药。

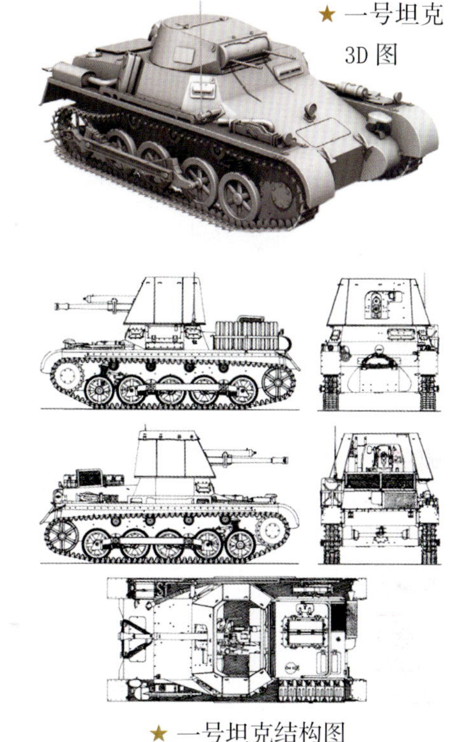

★ 一号坦克 3D 图

★ 一号坦克结构图

B 型换装了迈巴赫 NL38 TR 引擎，车体加长，发动机盖改为纵置式，每侧有 5 个负重轮和 4 个托带轮。C 型与 A 型、B 型在外形上完全不同，它的短粗车体上装有平衡式交错重叠负重轮并使用现代化的扭杆式悬挂。

•作战性能

由于一号坦克的装甲薄弱，武器也仅有 2 挺通用机枪，所以战斗表现平平无奇。该坦克被设计成训练车辆，无法与同时期其他国家的轻型坦克相比，如苏联的 T-26 坦克。虽然性能一般，但在 1939 年 9 月 ~ 1941 年 12 月间，一号坦克仍占德军坦克中相当大的比重，并被投入期间的各大战役中使用。小型且脆弱的一号坦克在重要性上可能比不过其他一些著名的德军坦克，如四号中型坦克、“豹”式中型坦克和“虎”式重型坦克等，但它在德国于二战初期的一连串闪击战攻势与胜利中占有相当的地位。

展览中的一号坦克

No. 14 德国二号轻型坦克

基本参数	
长度	4.80 米
宽度	2.20 米
高度	2.00 米
质量	7.2 吨
最大行程	200 千米
最大速度	40 千米 / 小时

二号坦克是德国于 20 世纪 30 年代研制的轻型坦克，在二战中的波兰战役与法国战役中扮演了很重要的角色。

•研发历史

1934 年，德国武器局正为陆军战斗坦克（三号坦克）和支援坦克（四号坦克）迟迟无法完成而发愁。为了在短时间内填补装甲部队中产生的空白，武器局希望各军火商提供一种质量在 10 吨以下、拥有一门 20 毫米机关炮和一挺 7.92 毫米机枪的轻型坦克，根据这些要求向曼（MAN）、克虏伯和亨舍尔

二号坦克前侧方视角

公司发出了设计邀请。同年，三家公司都拿出了样车。最后曼公司的方案中标，但军方规定曼公司必须在新坦克上安装克虏伯公司制造的炮塔。其后的开发工作由曼公司和戴姆勒·奔驰公司合作进行。1937 年 7 月，二号坦克 A 型修正了部分设计并开始出厂，是二号坦克的第一种量产型，之后又陆续推出了 B 型（1937 年 12 月投产）、C 型（1938 年 6 月投产）和 F 型等。

1941 年 6 月苏德战争爆发时，二号坦克已明显落后于时代，因此在 1941 年 3 月 ~ 1942 年 12 月生产了 524 辆 F 型后，标准二号坦克开始退出现役，到坦克学校用作训练或改装为指挥车。部分二号坦克 A ~ F 型改进了发动机和冷却设备以适应沙漠战，这些德国非洲军团使用的二号坦克称为 A ~ F（Tp）型。此外，二号坦克的底盘还被用来改装成不同用途的特种车辆，如“山猫”装甲侦察车（配备装甲侦察部队）和“黄鼠狼”75/76.2 毫米自行火炮等。

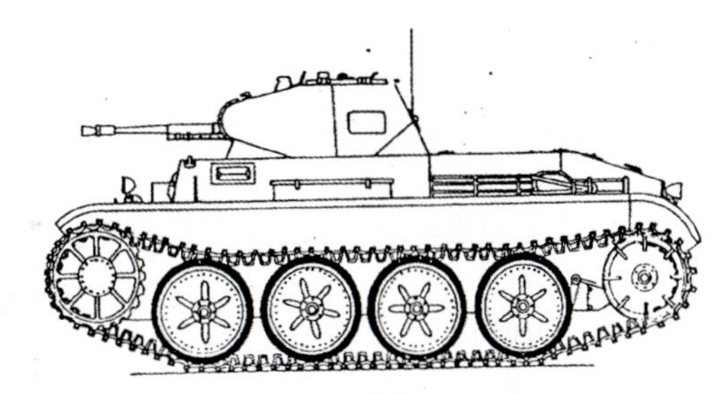

武器构造

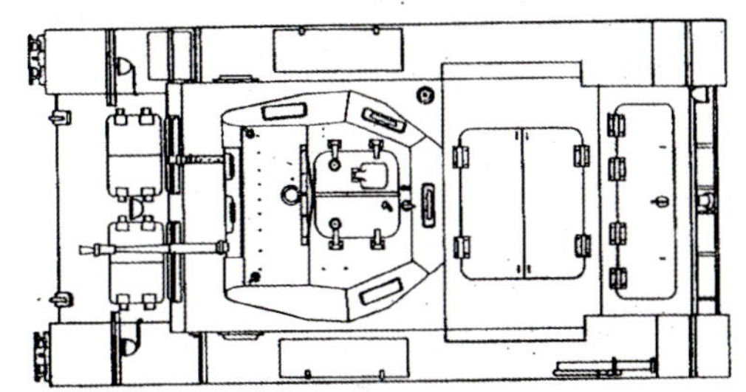

二号坦克的车体和炮台由经过热处理的钢板焊接而成，前方装甲平均厚约 30 毫米，而后侧方装甲则为 16 毫米。发动机室位于车体后方，动力经由战斗舱传至前方 ZF 撞击式的齿轮箱，总计有前进 6 挡、倒车 1 挡，由离合器以及刹车来进行控制。驾驶座位于车身左前方，战斗舱上方为炮台，位置略往左偏。

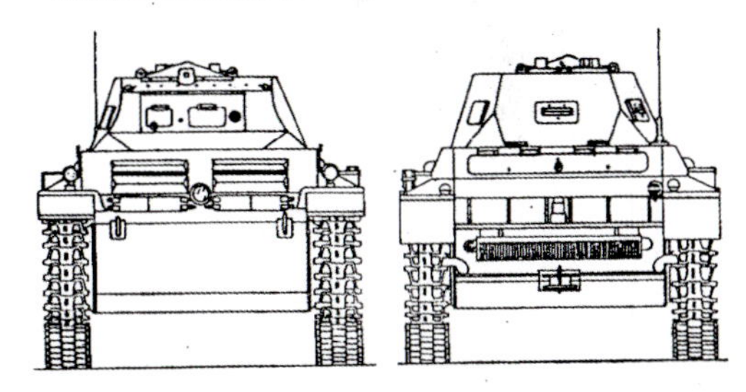

★ 二号坦克结构图

除此之外，二号坦克的承载系统设计十分特别，5 个路轮分别安装在 1/4 椭圆的避震叶片上。主动轮位于前方，惰轮则在后方，履带虽为窄型，但仍十分坚固。

草坪中的二号坦克

作战性能

二号坦克的主要武器为 20 毫米机炮，只能够射击装甲弹，全车带有 180 发 20 毫米弹药和 1425 发 7.92 毫米机枪弹药。大多数车型都备有无线电。

No. 15 苏联 BT-7 轻型坦克

基本参数	
长度	5.66 米
宽度	2.29 米
高度	2.42 米
质量	13.9 吨
最大行程	430 千米
最大速度	72 千米 / 小时

BT-7是苏联BT系列骑兵坦克的最后一种型号，在1935 ~ 1940年间大量生产。该坦克在二战中得到了较为广泛的应用，其设计经验还成功运用到更新型的T-34中型坦克上。

•研发历史

苏联一直很重视轻骑兵的作用，因此要求坦克具有很快的速度。20 世纪 20 年代末，美国工程师沃尔特·克里斯蒂成功研制出采用全新悬挂装置的“克里斯蒂”坦克，其机动性能颇为出色。1931 年，苏联从美国购买了两辆“克里斯蒂”坦克，并对其进行了深入研究。1935 年，苏联成功设计出 BT-7 骑兵坦克。由于“克里斯蒂”坦克的悬挂装

BT-7 坦克侧面视角

BT-7 坦克全身照

置无法在重型坦克上使用，因此 BT-7 坦克不得不牺牲了防护性能。二战初期，BT-7 坦克主要供远程作战的独立装甲和机械化部队使用，但因其装甲防护薄弱，不适于与敌坦克作战，所以在 1941 年的莫斯科会战后便让位于更出色的 T-34 中型坦克。

•武器构造

为了克服装甲薄弱的缺点，BT-7 坦克的车体使用焊接装甲，并加大了装甲板倾斜角度，以增强防护力。该坦克采用新设计的炮塔，安装一门 45 毫米火炮和 2 挺 7.62 毫米机枪。为使主炮和机枪能在夜间射击，坦克上增装了两盏车头射灯并在火炮上安装了一个遮罩。后来生产的 BT-7-2 型坦克还有两个牛角形的潜望镜。

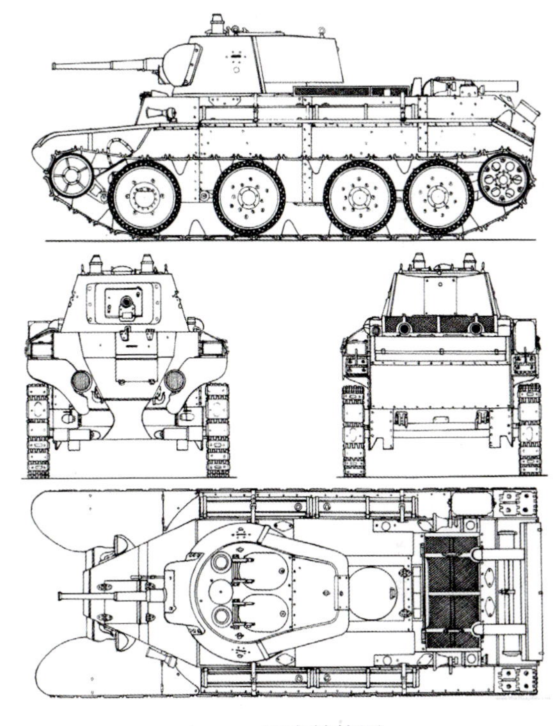
★ BT-7 坦克结构图

•作战性能

BT-7 坦克的动力装置为新型的 M17-TV-12 汽油发动机，每分钟 1760 转，功率 372 千瓦。这种发动机是德国宝马汽车公司发动机的翻版，最初是为飞机设计的。该发动机可以使 BT-7 坦克的公路最大速度达到 72 千米 / 小时，越野最大速度达到 50 千米 / 小时。该坦克的车组成员有 3 人，分别是车长（也担任炮手）、装弹员和驾驶员。

雪地中的 BT-7 坦克

前进中的 BT-7 坦克

No. 16 苏联 T-26 轻型坦克

基本参数	
长度	4.65 米
宽度	2.44 米
高度	2.41 米
质量	9.6 吨
最大行程	240 千米
最大速度	31 千米 / 小时

T-26 坦克是苏联红军坦克部队早期的主力装备，广泛使用于 20 世纪 30 年代的多次冲突及二战之中。该坦克被认为是 20 世纪 30 年代最为成功的坦克设计之一，产量极高且衍生型众多。

•研发历史

在早期的苏联坦克中，T-26 坦克是比较有名的一种。1930 年，列宁格勒的布尔什维克工厂在 H · 巴雷科夫和 C · 金兹鲍格工程师的领导下，参照从英国购买的“维克斯”坦克，经改进设计，制造出 20 辆类似的坦克，定名为 TMM-1 和 TMM-2 坦克。在和其他设计进行对比试验后，革命军事委员会于 1931 年 2 月 13 日决定采用以“维克斯”坦克为基

展览中的 T-26 坦克

础设计的新坦克，并正式命名为 T-26 坦克。从 1932 年起，以列宁格勒的基洛夫工厂为主的一批工厂开始大量生产 T-26 坦克。

T-26 坦克侧面视角

T-26 坦克一般被用来支援步兵，参加过 1936 年的西班牙内战、1939 年苏日哈拉哈河战斗和 1939 年的苏芬战争，一直被使用到二战初期，在苏联坦克发展史上占有重要的位置。该坦克的主要缺点是装甲防护较差，在苏日哈拉哈河战斗和苏芬战争中损失较大，不过这也成为苏联以后研制 BT-7 轻型坦克和 T-34 中型坦克的契机。

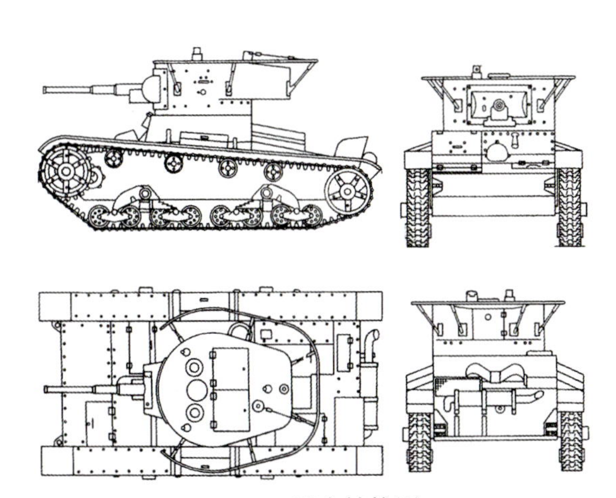
★ T-26 坦克结构图

•武器构造

T-26 坦克和德国一号坦克都是以英国维克斯坦克为基础设计的，两者底盘外形相似，但 T-26 坦克的火力大大高于一号坦克和二号坦克，甚至超过了早期三号坦克的水平。早期 T-26 坦克的主炮为 37 毫米口径，后期口径加大为 45 毫米。T-26 坦克取消了指挥塔，使得车长的观察能力大打折扣，而且车长还要担任炮长，作战的时候几乎无暇进行四周的观察，因此很容易被侧后的火力袭击。

•作战性能

T-26 坦克的装甲防护差，没有足够能力抵抗步兵的火力，以至于苏联巴甫洛夫大将得出“坦克不能单独行动，只能进行支援步兵作战”的错误结论。但 T-26 坦克的机动能力较强，公路最大速度达 31 千米 / 小时，越野最大速度为 16 千米 / 小时。

此外，T-26 坦克的火控能力也不太好，精确射击能力不足，据报道在 300 米内才可以取得比较高的命中率，而这么近的距离对于装甲薄弱的 T-26 坦克来说是非常危险的。

T-26 坦克侧面视角

No. 17 苏联 T-60 轻型坦克

基本参数	
长度	4.10 米
宽度	2.30 米
高度	1.75 米
质量	5.8 吨
最大行程	450 千米
最大速度	44 千米 / 小时

T-60 坦克是苏联在二战时期研制的轻型坦克，于 1941 ~ 1942 年期间生产，总产量超过 6000 辆。

•研发历史

1941 年 6 月，残酷的战争形势使苏联装甲部队急需补充轻型坦克。于是，莫斯科第 37 号工厂的设计人员决定发展一种用于支援步兵的轻型坦克。为了开发新型坦克，工程师们沿用了一些 T-40 坦克的部件，其中包括传动系统、发动机以及底盘。虽然新的车身合理地减小了尺寸，但增加了装甲防护。整个设计项目总共耗时

博物馆中的 T-60 坦克

15 天，斯大林指派官员马雷舍夫去审查这种新设计的坦克。马雷舍夫仔细考察了设计方案，经过一些技术问题的讨论，决定用更大威力并已经被广泛使用在空军的 20 毫米机关炮取代原来设计的 12.7 毫米重机枪。随后，新设计的轻型坦克被接受并正式命名为 T-60 坦克。

•武器构造

T-60 坦克采用新的焊接车体，外形低矮，前部装甲厚 15 ~ 20 毫米，后来增加到 20 ~ 35 毫米。侧装甲厚 15 毫米，后来增加到 25 毫米。后部装甲厚 13 毫米，后来增加到 25 毫米。T-60 坦克升级过装甲后，全重增加到 5.8 吨。为了增加 T-60 坦克在沼泽和雪地的机动性，专门设计了与标准履带通用的特殊可移动加宽履带。

苏联士兵与 T-60 坦克

•作战性能

T-60 坦克装有 1 门 20 毫米 TNSh-20 型主炮，使用的炮弹包括破片燃烧弹，钨芯穿甲弹等，通常备弹 750 发。后期开始使用穿甲燃烧弹，可在 500 米距离上以 60 度角击穿 35 毫米的装甲，能够成功地对抗早期的德国坦克以及各种装甲车辆。除此之外，T-60 坦克还装备了 1 挺 7.62 毫米 DT 机枪，这种机枪和 TNSh-20 主炮都可以拆卸下来单独作战。与其他苏联坦克相比，T-60 坦克在雪地、沼泽以及烂泥和水草地的机动性较好。

苏联士兵正在使用 T-60 坦克

被损坏的 T-60 坦克

No. 18 苏联 T-50 轻型坦克

基本参数	
长度	5.20 米
宽度	2.47 米
高度	2.16 米
质量	14 吨
最大行程	220 千米
最大速度	60 千米 / 小时

外展中的 T-50 坦克

T-50 坦克是苏联在二战爆发初期研制的轻型步兵坦克，有着当时先进的设计，包括扭力杆式悬挂系统、柴油发动机、倾斜式装甲和全焊接制造的车身等。除此之外，该坦克还拥有三人炮塔和车长指挥塔，其战斗效率远高于单人炮塔和双人炮塔，不仅如此，所有 T-50 坦克都拥有无线电。当然，T-50 坦克也有一些不足之处，如同大部分的苏联坦克，其内部非常狭窄。

T-50 坦克的前方视角

T-50 坦克使用的是专用的 V-4 发动机，不像其他苏联轻型坦克能够使用标准的卡车发动机，因该发动机是为 T-50 坦克特别生产的，所以使得其生产成本变得相当昂贵，且不符合经济效益。此外，V-4 发动机本身也不可靠，设计上的缺陷一直无法解决，所以发动机的可靠性低与高昂的生产成本导致 T-50 轻型坦克的存在时间极为短暂。

No. 19 苏联 PT-76 轻型坦克

基本参数	
长度	7.63 米
宽度	3.15 米
高度	2.33 米
质量	14.6 吨
最大行程	400 千米
最大速度	44 千米 / 小时

PT-76 坦克正在开火

PT-76 坦克是苏联设计的两栖轻型坦克，该坦克主要用于侦察、警戒和指挥，也可为夺取滩头阵地提供火力支援。PT-76 坦克为钢铁焊接结构，车体呈船形而且较为宽大，其浮力储备系数为 28.1%。与同时期其他两栖车辆采用履带划水前进相比，PT-76 坦克在推进方面较为先进，它由发动机带动喷水器，从车尾的喷水孔喷水。在水上行驶时，由驾驶员把发动机输出动力全转移到喷水器，而履带则完全没有动力，因此其水上速度较快。

外展中的 PT-76 坦克

虽然 PT-76 坦克的体积巨大，但其装甲相对薄弱，所以只可依靠倾斜角度去弥补。另外，PT-76 坦克的主要武器为 1 门 76 毫米火炮，可发射穿甲弹、破甲弹、榴弹和燃烧弹，辅助武器为 1 挺 7.62 毫米同轴机枪，部分车上还有 1 挺 12.7 毫米高射机枪。

No. 20 日本 94 式轻型坦克

基本参数	
长度	3.36 米
宽度	1.63 米
高度	2.00 米
质量	3.45 吨
最大行程	200 千米
最大速度	40 千米 / 小时

94 式坦克是日本制造的轻型坦克，外号小豆坦克，主要用于指挥、联络、搜索、警戒等作战任务，也可用作火炮牵引车或弹药搬运车。

●研发历史

1929 ~ 1930 年间，世界上正发展超轻型坦克，日本陆军提出为一线部队研制可以运输弹药、作战物资以及通信联络的小型履带式战车。1933 ~ 1934 年，以 20 世纪 20 年代后期英国生产的“卡登 · 洛伊德”Ⅵ型机枪运载车为基础研制出 94 式超轻型坦克的样车，正式命名为 94 式轻型坦克。该坦克体积小，质量轻，是 20 世纪 30 年代以来世界上最轻的坦克之一。

博物馆中的 94 式坦克

•武器构造

94 式坦克的驾驶室和动力舱在车体前部，驾驶室居右，动力舱在左，发动机位于变速箱的后面，即车体中部靠前的位置上。发动机和传动部分各有一个检查窗，便于检修和拆装。战斗室位于车体后部，上部有一个枪塔，其主要武器是 1 挺机枪，早期为 91 式 6.5 毫米机枪，后被 7.7 毫米机枪取代。此外，车长和驾驶员处都有舱门，车体后部还开一个后门，便于乘员上下车以及与被牵引车辆的联络。

★ 94 式坦克示意图

• 作战性能

94 式坦克小得出奇，它只有 3.36 米长，战斗全重只有 3.45 吨，装甲较薄处只有 6 毫米，这甚至不到许多现代装甲车的一半。该坦克的车体是铆接而成的，只要一个炸药包或当时的轻型榴弹炮命中一发就可以将其炸碎。该坦克的主要武器是 1 挺机枪，早期为 91 式 6.5 毫米机枪，后被 7.7 毫米机枪取代，少数车装过 37 毫米火炮，攻击火力非常贫弱。94 式坦克没有潜望镜，对外观察主要靠几个小观察窗，当对方火力猛烈，它闭窗行驶时则依靠几道大约 3 毫米宽的观察缝了解外界情况，观察死角很大，很容易遭到对方的突然袭击。

94 式坦克模型图

No. 21 英国“小威利”轻型坦克

基本参数	
长度	5.87 米
宽度	2.86 米
高度	3.05 米
质量	18.29 吨
最大行程	30 千米
最大速度	3.2 千米 / 小时

“小威利”（Little Willie）坦克是世界上第一种坦克，其绰号“大水柜”（Tank）是“坦克”这一名称的来源。虽然该坦克性能较差且没有大量生产，但它在坦克发展史上的地位是不容忽视的。

•研发历史

坦克的概念最早可见于列奥纳多·达·芬奇手稿中的一台圆锥体的武装装甲车。在履带式车辆发明 12 年后，处于一战中的英国采纳了战地记者埃文顿的建议，于 1915 年 2 月成立了专门研究机构，由福斯特公司的特连顿爵士和英国海军上尉威尔逊主持设计工作，最终在农用拖拉机的

展览中的“小威利”坦克

基础上研制出了世界上第一辆坦克——“小威利”（又译作“小游民”）。因为制造战车是在极机密的情况下进行的，当时参与建造的工人误以为他们在建造军舰装淡水的大水柜，而英国军方为了在 1915 年首次使用坦克作战之前对外保密，因此在送往战场的战车贴上“Tank”的字样，并对外宣称是它们是盛载食水和食物的容器，该名称便一直沿用至今。

“小威利”坦克于 1915 年 7 月开始设计，1915 年 8 月 11 日开始建造，经过不断改进摸索以后，1915 年 9 月 22 日，“小威利”坦克的 1 号“林肯”机器在英国福斯特工厂完工。

•武器构造

“小威利”坦克使用柯尔特拖拉机的履带，履带上是一个装甲箱，车尾是一对液压控制的轮子，用来协助转向和跨越堑壕。该坦克装有一台 105 马力戴姆勒汽油发动机，主要武器是 1 门 40 毫米口径的主炮，备弹 800 发，另外还有若干 7.7 毫米口径机枪。“小威利”坦克运作起来至少要两人共同操作，而全体成员仅为 6 人。

二战中的“小威利”坦克

展览中的“小威利”坦克

•作战性能

“小威利”坦克只使用了 10 毫米厚的钢板作为装甲，但车体依然很沉重，使得其最大速度仅为 3.2 千米 / 小时。当时的战场主要是英德之间的“壕沟战”，而“小威利”的成员舒适性极差，其越野性也没有达到英国政府的设计要求，所以未能大量生产。

在作战中损坏的“小威利”坦克

博物馆中的“小威利”坦克

No. 22 奥地利 SK-105 轻型坦克

基本参数	
长度	5.58 米
宽度	2.50 米
高度	2.88 米
质量	17.7 吨
最大行程	500 千米
最大速度	70 千米 / 小时

1965 年，奥地利施泰尔 - 戴姆勒 - 普赫公司研制出 SK-105 轻型坦克，于 1967 年制成样车，1971 年向奥地利陆军交出首批 SK-105-A1 生产型车，1985 年以后，又将该坦克出口到非洲及南美各国。

SK-105 坦克的车体为焊接钢板结构，驾驶舱在前、战斗舱居中、动力舱在后。驾驶员位于车前左侧，其右侧存放 20 发弹药、4 个蓄电池和其他设备。车体中间装有 JT-1 型双人摇摆炮塔，它是由法国 AMX-13 轻型坦克上的 FL-12 型炮塔改进而成。炮塔用钢板焊接，有较好的防护力。

此外，SK-105 坦克的主炮可以发射尾翼稳定的榴弹、破甲弹以及烟幕弹等定装药弹。 炮塔后部设有两个鼓形弹仓，每个弹仓装 6 发炮弹，弹药自动装填，可通过开关选择弹种。其中，火炮射击后，空弹壳从炮塔左侧后窗口抛出，窗盖由火炮的反后坐装置带动，当炮塔旋转和俯仰时，都可进行这些动作，因此射速可保持在 6 ~ 8 发 / 分。在武器方面，该坦克的辅助武器为 1 挺 7.62 毫米同轴机枪，炮塔每侧有 3 个烟幕弹发射器。

游行中的 SK-105 坦克

第 3 章

中型坦克

中型坦克是比较灵活的多用途坦克，能够胜任如侦察、支援甚至攻击等多种角色。中型坦克体形较大，与轻型坦克相比，侦察效果并不理想，但是它们大都拥有强大的机动性，能够利用敌方防御的薄弱环节，准确锁定、摧毁自行火炮。

No. 23 美国 M3“格兰特 / 李”中型坦克

基本参数	
长度	5.64 米
宽度	2.72 米
高度	3.12 米
质量	27 吨
最大行程	193 千米
最大速度	42 千米 / 小时

在二战中，美国生产的 M4“谢尔曼”坦克有着极大的名声，但在 M4 坦克诞生前，还有一种过渡型坦克也曾在战场上辉煌一时，这就是 M4 坦克的前身——M3“格兰特 / 李”坦克。

•研发历史

1939 年的欧洲战争经验已经使得美国军方发现自己当时装备的 M2 轻型坦克 37 毫米主炮已经威力不足了。于是在 1940 年开始对 M2 轻型坦克进行改进，加厚装甲防护，同时还将一门 M1987 式 75 毫米炮安装在车体一侧的突出炮座内。这种坦克于 1940 年 7 月 11 日由军械委员会定名为 M3 坦克。

外展中的 M3 坦克

M3坦克在英国使用时，被称为“格兰特将军”式（简称“格兰特”式），源自美国内战时北军中的著名将领——尤利塞斯·S·格兰特。在M3坦克经过稍微改良，采用新式炮塔后，改称为“李将军”式（简称“李”式），源自美国内战时南军将军——罗伯特·李。

M3坦克从1941年8月开始投产，一直持续到1942年12月结束，美国一共生产了M3坦克及其改进型号6258辆。其中M3A1中型坦克采用了美国机车车辆公司制造的铸造车体，鉴于强度要求，车体侧面没有开舱门；而M3A2型坦克采用了比铆接车体强度更高的焊接车体，还减轻了车重。M3中型坦克的变型车较多，如T1扫雷车、T2坦克抢救牵引车、T6火炮运载车和T16重型牵引车等。

•武器构造

M3坦克的外形和结构有很多与众不同的地方：它的车体比较高，炮塔呈不对称布置，有两门主炮，车体的侧面开有舱门，三层武器配置，平衡式悬挂装置，主动轮前置和车体上突出的炮座。该坦克最大的特点是有两门主炮，一门是75毫米榴弹炮，装在车体右侧的突出炮座内；另一门是37毫米加农炮，装在炮塔上。另外它的推进系统也很有特色，最突出的是它的各种改进型车和发动机型号各不相同，这也反映了战时的特点。它的行动部分采用平衡式悬挂装置，每侧6个负重轮，分为3组，主动轮在前，诱导轮在后。

M3坦克前侧方视角

•作战性能

M3坦克使用赖特R975 EC2星形发动机，功率为250千瓦。因其车身较为高大，所以车内空间比较充足。但车体各侧面的投影面积较大，所以容易被发现并被瞄准。另外，安装在车身的75毫米主炮射击范围有限，可全方位射击的37毫米主炮又威力不足。

前进中的M3坦克

二战中的M3坦克

No. 24 美国 M4“谢尔曼”中型坦克

基本参数	
长度	5.84 米
宽度	2.62 米
高度	2.74 米
质量	30.3 吨
最大行程	193 千米
最大速度	48 千米 / 小时

M4“谢尔曼”坦克是美国在二战时研制的中型坦克，尽管火力和防护力与同时期的德国坦克相比逊色不少，但在机动性和数量上占有较大优势。该坦克主要在美国陆军和美国海军陆战队服役，也被英联邦国家、苏联和法国所使用。

•研发历史

M4“谢尔曼”坦克于 1940 年 8 月开始研制，1941 年 9 月定型并命名。“谢尔曼”之名为英军所取，来源是美国南北战争中北军的将军威廉·特库赛·谢尔曼（WilliamTecumseh Sherman）。在二战中，美国研制坦克的厂家主要是通用、福特、克莱斯勒等汽车厂，采用的是亨利·福特倡导的生产线原理，因此能够大批量生产，并且

草坪上的 M4 坦克

M4 坦克侧方特写

大幅度降低了成本。美国在二战期间总共生产了各种装甲战车 287000 辆，其中包括将近 5 万辆“谢尔曼”坦克。该坦克的尺寸是参照美国“自由轮”的船舱设计，非常便于远洋运输。“谢尔曼”坦克的型号十分繁杂，仅美国官方公布的 M4 系列改进型车、变型车和试验型车就有 50 多种。

“谢尔曼”坦克并不是二战中性能最佳的中型坦克，但其巨大的装备数量加上蒙哥马利、巴顿等名将精明的运用，使它在盟军的武器装备序列中占有重要地位。1942 年春天，“谢尔曼”坦克首次出现在北非战场。由于它在战场上的出色表现，很快赢得坦克手们的青睐。战争中后期，“谢尔曼”坦克在反法西斯战场上发挥了重要作用。战后，许多从美军退役的“谢尔曼”坦克成了一些中小国家军队的“宝贝”，直到今天仍有一部分在发挥作用。

•武器构造

“谢尔曼”坦克的正面和侧面装甲厚 50 毫米，正面有 47 度斜角，防护效果相当于 70 毫米，侧面则没有斜角，塔正面装甲厚 88 毫米。该坦克外形线条瘦高，早期型号高 2.8 米，改进型号高达 3.4 米，行进在战场上如同招摇过市，是德军坦克的最佳目标。

★ M4 坦克侧面视角

•作战性能

从大量的德军“虎”式、“豹”式坦克被“谢尔曼”坦克从侧翼击毁可以看出，“谢尔曼”坦克的机动能力是相当不错的。“谢尔曼”坦克的 368 千瓦汽油发动机是二战中最优秀的坦克引擎之一，使“谢尔曼”坦克具有 48 千米 / 小时的最高公路时速，有助于机动作战。“谢尔曼”坦克的动力系统坚固耐用，只要定期进行最基本的野战维护即可，无须返厂大修。该坦克性能可靠，故障极少，出勤率大大高过德军坦克。

除此之外，“谢尔曼”坦克装备一门 M3 型 75 毫米 L/40 加农炮，能够在 1000 米距离上击穿 62 毫米钢板。不仅如此，“谢尔曼”坦克还是二战时唯一装备了垂直稳定器的坦克，能够在行进中瞄准目标开炮。

二战中的 M4 坦克

No. 25 德国“豹”式中型坦克

基本参数	
长度	8.66 米
宽度	3.42 米
高度	3.00 米
质量	44.8 吨
最大行程	250 千米
最大速度	55 千米 / 小时

“豹”式坦克是二战期间德国最出色的坦克之一，又称为五号坦克。该坦克主要在东线战场服役，但也在 1944 年盟军登陆诺曼底后驻守于法国境内。此后，在法国境内的德军坦克有一半都是“豹”式坦克。

•研发历史

苏联 T-34 坦克诞生后，德国几乎没有性能与之匹敌的坦克。海因茨 · 古德里安将军大力要求德军最高统帅部派出一支部队到东线战场，针对 T-34 坦克做出评估。在了解 T-34 坦克的优势之后，奔驰公司和曼（MAN）公司受命设计新型坦克，指定开发编号为

展览中的“豹”式坦克

VK3002。最后，曼公司的设计方案被德军采用，定名为“豹”式坦克并于 1942 年开始批量生产。由于德军的需求量很大，1943 年以后“豹”式坦克开始由多家公司分担生产。由于盟军的轰炸和生产上的问题，直至战争完结，德国一共才生产 6000 辆左右。

1943 年 7 月 5 日的库尔斯克战役，是“豹”式坦克首次参与的大规模作战。战事初期，“豹”式坦克的驾驶员都被一些机械问题困扰：坦克的履带和悬挂系统时常受损，引擎也往往因为过热而发生火灾。很多“豹”式坦克都因为这些弱点而不能作战。此次战役后，德军很快改进了“豹”式坦克存在的问题。1943 ~ 1944 年间，“豹”式中型坦克可以在 2000 米的范围内轻易击破大多数盟军坦克。根据美军的统计资料，平均一辆“豹”式坦克可以击毁 3 辆 M4“谢尔曼”坦克或大约 5 辆苏联 T-34/85 坦克。

•武器构造

★“豹”式坦克 3D 图

“豹”式坦克的倾斜装甲采用同质钢板，经过焊接及锁扣后非常坚固。整个装甲只留有两个开孔，分别提供给机枪手和驾驶员使用。最初生产的“豹”式坦克只有一块 60 毫米厚的斜甲，但不久就加厚至 80 毫米，而“豹”式 D 型以后的型号更把炮塔装甲加强至 120 毫米厚，以保护炮塔的前端。“豹”式坦克的炮塔也采用倾斜装甲，内部空间狭小，但为车长设计了一个良好的顶塔。坦克两侧装有 5 毫米厚的裙边，以抵挡磁性地雷的攻击。

•作战性能

“豹”式坦克的主要武器为莱茵金属公司生产的 75 毫米半自动 KwK42L70 火炮，通常备弹 79 发，可发射 APCBC-HE、HE 和 APCR 等炮弹。该炮的炮管较长，推动力强大，可提供高速发炮能力。此外，“豹”式坦克的瞄准器敏感度较低，击中敌人更容易。因此，尽管“豹”式坦克的火炮口径并不大，但却是二战中最具威力的火炮之一，其贯穿能力甚至比 88 毫米 KwK36 L56 火炮还高。“豹”式坦克还有 2 挺 MG34 机枪，分别安装于炮塔上及车身斜面上，用于扫除步兵及防空。

士兵与“豹”式坦克

No. 26 德国三号中型坦克

基本参数	
长度	5.52 米
宽度	2.90 米
高度	2.50 米
质量	23 吨
最大行程	165 千米
最大速度	40 千米 / 小时

三号坦克是德国于 20 世纪 30 年代研制的一种中型坦克，并广泛地投入二战。

•研发历史

1934 年初，海因茨 · 古德里安将坦克分为两种基本类型，分别为携带高初速度炮用以反装甲作战的主战坦克，以及携带大口径炮发射高爆弹药的支援型坦克，并规划 1 个坦克连的组合比例为 3 个排的主战坦克以及 1 个排的支援型坦克。根据这种思路，古德里安要求陆军部草拟开发

波兰战役中的三号坦克

一种最大质量为 24 吨（以配合德国公路桥梁的载重限制），以及最高行进速度为 35 千米 / 小时的中型坦克，并打算将其作为德国装甲师的主力坦克。戴姆勒 - 奔驰公司、克虏伯公司、曼公司及莱茵金属公司以此生产了试验型的坦克，并于 1936 年及 1937 年进行测试，最后戴姆勒 - 奔驰公司的产品被采纳。

第一辆三号坦克在 1937 年 5 月竣工，其余 9 辆也都在同年完成生产。最先的 A 型、B 型、C 型、D 型均为发展阶段，只小规模生产并多被用于测试目的，直到 1939 年 E 型三号坦克出现后才开始正式量产，由数家厂商共同负责。三号坦克原来被计划作为德国陆军的主战坦克，量产后主要用于针对波兰、法国、苏联及在北非的战事，也有一部分参与了 1944 年在诺曼底及安恒的战事。但在经过苏德两方交战后，证明了三号坦克的实力并不如苏联的 T-34 坦克。因此，三号坦克逐渐退出历史舞台，并逐渐由强化后的四号坦克所代替。

•武器构造

三号坦克 A ~ C 型采用 169 千瓦的 12 气缸迈巴赫 HL 108 TR 发动机，而以后的型号使用 235 千瓦的 12 气缸迈巴赫 HL 120 TRM 发动机，越野能力较强。早期各型装有一组预选式变速齿轮箱，提供前进 10 挡以及倒车 1 挡的功能。虽然使坦克的操控性相较同时期的其他坦克高，但也使齿轮箱的结构变得很复杂，维修困难。之后的 H 型进行了改良，将复杂的十挡变速齿轮箱改为六挡的手动操作式，而履带也加宽以承受改装所增加的质量。悬挂系统采用裴迪南 · 保时捷所研发的扭力杆，也比四号坦克所采用的板状弹簧复杂许多。

博物馆中的三号坦克

•作战性能

三号坦克 A ~ C 型均装上了以滚轧均质钢制成的 15 毫米厚轻型装甲，而顶部和底部分别装上 10 毫米及 5 毫米厚的同类装甲。后来生产的三号坦克 D 型、E 型、F 型及 G 型换装新的 30 毫米厚装甲，但在法国战场中仍然无法防御英军 2 磅炮（1 磅 = 0.45 千克，下同）的射击。之后的 H 型、J 型、L 型及 M 型，在坦克正后方的表面覆上另一层 30 ~ 50 毫米厚的装甲，导致三号坦克无法有效地作战。

作战中的三号坦克

No. 27 德国四号中型坦克

基本参数	
长度	5.92 米
宽度	2.88 米
高度	2.68 米
质量	25 吨
最大行程	200 千米
最大速度	40 千米 / 小时

四号坦克是德国在二战中研制的一种中型坦克，是德国在二战中产量最大的一种坦克。

•研发历史

四号坦克的研制计划最早是由德国机动兵总司令部参谋海因茨·古德里安于 1934 年提出的，主要用于掩护步兵攻击。1935 年，莱茵金属、曼和克虏伯三家公司的试验性坦克进行了测试，最终克虏伯公司胜出，并被命名为四号坦克 A 型。1937 年 10 月，第一辆四号坦克 A 型出厂。

草丛中的四号坦克

之后，四号坦克陆续发展出 B、C、D、E、F、G、H 和 J 等多种型号。

四号坦克从 1939 年欧洲战争爆发到结束一直在德军服役，参与了二战欧洲部分的几乎所有重大战役。该坦克不仅参战次数多，其产量也是德国二战中坦克之最，所以被称为“德国装甲部队的军马”。除了供应德国军队之外，四号坦克也被出口到其他国家，包括罗马尼亚、匈牙利、意大利、西班牙、芬兰等。在一些国家，四号坦克一直服役到 1967 年。

•武器构造

四号坦克原型的引擎舱位于车身后方，驾驶员与无线电操作员分别处于坦克左前方及右前方，无线电操作员同时兼任机枪手。坦克指挥官坐在车顶舱口下方，而炮手位于炮膛左边及装载机右边。炮塔比底盘中心线向左偏移了 66.5 毫米，而引擎则向右移动 152.4 毫米，以清除扭矩轴与转动炮塔的电动马达间的阻隔物，同时让扭矩轴连接到驾驶员与无线电操作员之间的变速箱。由于非对称布局，坦克右侧留有大量空位，后来用于放置弹药柜。

四号坦克前侧方视角

二战中的四号坦克

•作战性能

四号坦克采用一门 75 毫米火炮，最初型号为 KwK37 L/24，主要配备高爆弹，用于攻击敌方步兵。后来为了对付苏联的 T-34 坦克，便为 F2 型和 G 型安装了 75 毫米 KwK40L/42 反坦克炮，更晚的型号则使用了威力更强的 75 毫米 KwK40L/48 反坦克炮，该炮的威力仅次于德国“虎”式坦克的 88 毫米 KwK36 L/56 坦克炮，可在 1000 米距离上击穿 110 毫米厚的装甲。该坦克的辅助武器为 2 挺 7.92 毫米 MG 34 机枪，主要用于对付敌方步兵。另外，该坦克使用穿甲弹时初速度可达 375 米 / 秒，在 500 米距离上能够击穿 55 毫米厚的垂直装甲。

四号坦克侧方视角

No. 28 德国 A7V 中型坦克

基本参数	
长度	7.34 米
宽度	3.10 米
高度	3.30 米
质量	33 吨
最大行程	80 千米
最大速度	9 千米 / 小时

A7V 坦克是德国研制的第一种坦克，在德国战车发展史上具有重要意义。由于设计仓促且产量极低，该坦克对一战战局几乎没有影响。

•研发历史

一战时，英国在索姆河战役中投入使用的坦克给了德军很大的杀伤力，之后德国俘虏了一辆英国坦克回去进行研究。为了对付英军坦克的威胁，德国在研制 13 毫米口径的 T 型反坦克步枪的同时，还积极研制德国自己的坦克，最终选用大型车体的方案，1917 年开始制造代号为 A7V

游行中的 A7V 坦克

的坦克。当时德国陆军紧急订购 200 辆，但是直到 1918 年 9 月也只生产了 22 辆，包括样车、试验车和改进型。这些 A7V 坦克有 17 辆投入战场，其余制成了 A7V-R 战场 输送车。

1918 年 3 月 21 日，A7V 坦克在法国圣康坦北部进行了第一场实战。同年 4 月 24 日，在法国亚眠爆发了世界上第一场坦克间的决战，即 3 辆 A7V 坦克与英国 Mk Ⅳ坦克相遇对战。作战一开始是 A7V 坦克成功击毁 2 辆只装有机枪的“雌”性坦克，协约国军随后调派了装有 6 磅炮的“雄”性坦克迎击，并成功命中 1 辆 A7V 坦克 3 发炮弹，这轮炮击使得该 A7V 坦克内部 5 人牺牲，英军成功逼迫德军剩下 2 辆 A7V 坦克以及伴随攻击的步兵后撤，获得此次战斗的胜利。

●武器构造

A7V 坦克为典型的箱式结构的坦克，在设计和总体布置上有许多独到之处。它没有严格的战斗室，车体前部有火炮和 2 挺机枪。发动机位于车体中部，车长和驾驶员席布置在发动机的上方，有固定的指挥塔，这使 A7V 坦克的整车高度增加。发动机的动力通过传动轴传至车体后部的变速箱，带动主动轮旋转，推动履带前进。A7V 坦克只用 1 名驾驶员开车，而英国 Mark Ⅰ型坦克上有 4 名乘员来开车。由于 A7V 坦克上采用了螺旋弹簧式悬挂装置，乘坐舒适性也比 Mark Ⅰ型坦克要强。

展览中的 A7V 坦克

A7V 坦克的整个车体为铆接结构，但它只采用普通钢板，不是装甲钢板，其抗弹性一般。前甲板的厚度为 30 毫米，侧甲板的厚度为 15 毫米，底装甲为 6 毫米。

●作战性能

A7V 坦克的主要武器是 1 门 57 毫米低速火炮，备弹 180 发（后增加到 300 发）。火炮的高低射界为 ±20 度，方向射界为左右各 40 度。发射全装药弹时的初速度为 487 米 / 秒，最大射程为 6400 米。辅助武器为 6 挺“马克沁”7.92 毫米重机枪，车体两侧各 2 挺，车体后部 2 挺，弹药基数为 18000 发。

前进中的 A7V 坦克

No. 29 苏联 T-24 中型坦克

基本参数	
长度	6.50 米
宽度	3.00 米
高度	2.81 米
质量	18.5 吨
最大行程	140 千米
最大速度	25 千米 / 小时

T-24 坦克是苏联于 1931 年生产的中型坦克，也是哈尔科夫工厂生产的第一种坦克。该坦克被认为是不可靠的，只被用作训练和检阅。但是，T-24 坦克让哈尔科夫工厂获得了设计和生产坦克的最初经验，而这些经验在日后该厂受命生产 BT 系列快速坦克时，得到了极为成功的应用。

T-24 坦克的装甲在当时尚属优良，其悬挂系统也早已成功应用在苏联第一种专用火炮牵引车上。然而，该坦克的发动机和传动系统存在许多不足之处，此外，T-24 坦克的主要武器是 1 门 45 毫米火炮，辅助武器为 3 挺 7.62 毫米 DP 轻机枪，分别安装在车体内、主炮塔内以及主炮塔上方的副炮塔内。

★ T-24 坦克前侧方视角

No. 30 苏联T-28中型坦克

基本参数	
长度	7.44米
宽度	2.87米
高度	2.82米
质量	28吨
最大行程	220千米
最大速度	37千米/小时

T-28坦克是苏联于20世纪30年代初研制的中型坦克。原型机于1931年完工，并于1932年末开始生产，主要用作步兵支援。

•研发历史

1932年，苏联以英国“独立者”多炮塔坦克为基础重新设计新型坦克，设计出的T-28坦克于1933年8月11日被批准使用，1933～1941年，共生产出503辆该坦克。虽然T-28坦克在战斗上的设计并不成功，但对苏联设计师来说是一个重要的里程碑，包括一系列在

T-28坦克侧方视角

T-28 坦克上进行的试验，对未来的坦克发展有一定的影响力。

编队展出的 T-28 坦克

•武器构造

T-28 坦克最大的特点是有 3 个炮塔（含机枪塔）。中央炮塔为主炮塔，装有 1 门 KT-28 短身管 76 毫米火炮，主炮塔的右侧有 1 挺 7.62 毫米机枪，主炮塔的后部装有 1 挺 7.62 毫米机枪，这两挺机枪可独立操纵射击。主炮塔的前下方有 2 个圆柱形的小机枪塔，各装有 1 挺 7.62 毫米机枪。不仅如此，1936 年以后生产的 T-28 坦克上还在炮塔顶部左后方额外安装了 1 挺 7.62 毫米机枪，主要用于对空射击。

★ T-28 坦克结构图

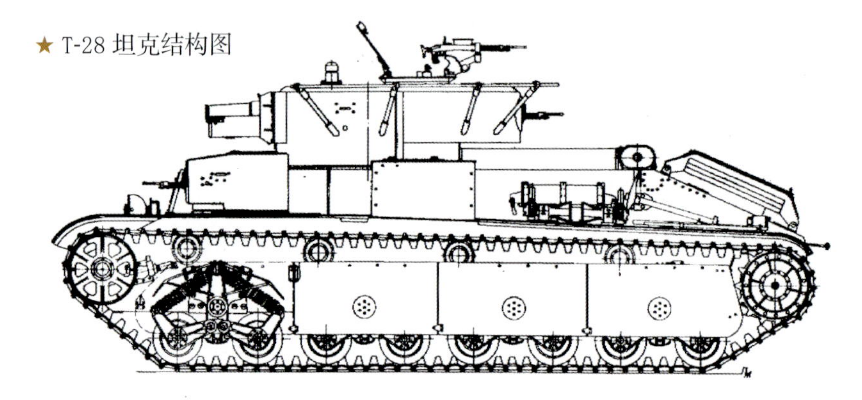

•作战性能

T-28 坦克主要用于支援步兵以突破敌军防线，它也被设计为用来配合 T-35 重型坦克进行作战，两种坦克也有许多零件通用。该坦克的动力装置为 M-17L 水冷式汽油发动机，最大功率达 373 千瓦。此外，T-28 坦克的活塞弹簧悬挂系统、发动机和变速箱都存在不少问题，而且设计缺乏弹性，不利于后期改进升级。

外展中的 T-28 坦克

T-28 坦克前方视角

No. 31 苏联 T-34 中型坦克

基本参数	
长度	6.75 米
宽度	3.00 米
高度	2.45 米
质量	30.9 吨
最大行程	468 千米
最大速度	55 千米 / 小时

T-34 坦克是苏联于 1940 ~ 1958 年生产的中型坦克，是二战期间苏联最好的坦克之一。它在坦克发展史上具有重要地位，其设计思路对后世的坦克发展有着深远影响。

• 研发历史

1936 年，苏联著名战车设计师柯锡金被调往柯明顿工厂担任总设计师，此时柯明顿工厂的设计局正负责 BT 车轮履带两用式坦克的改造。1937 年，该厂被委派研发一款新型中型坦克，设计代号为 A-20。同年 11 月，设计工作完成，设计方案集 BT-1 ~ BT-7 之大成。之后，柯锡金建议发展纯履带式的车型，以适应苏军的作战需要，设计编号为 A-32（即此后的 T-32）。

T-34 坦克前侧方视角

1939 年初，A-20 和 A-32 在苏联卡尔可夫制造完成。此后，T-32 又加强了火力和装甲防护，并进一步简化了生产工序，最终成为 T-34 坦克。1940 年 1 月底，第一批 T-34 生产型完工。

二战期间，各型 T-34 坦克的产量逾 5 万辆，是苏德战争期间产量最大的一种坦克，远远超过德国所有坦克的总和。该坦克的主要使用者为苏联军队，苏军的 T-34 坦克直到 20 世纪 50 年代才被 T-55 取代。此外，T-34 也装备很多国家的军队，曾在中东等战场参战。

•武器构造

T-34 坦克的主要武器最初是 1 门 76.2 毫米 M1939 L-11 型炮，1941 年时改为 76.2 毫米 F-34 长管型 41.5 倍径的高初速炮。除了主炮外，T-34 坦克还装有 2 挺 7.62 毫米 DP/DT 机枪，一挺作为主炮旁的同轴机枪，另一挺则置于车身驾驶座的右方。此外，T-34 坦克的车身装甲厚度都是 45 毫米，和德国的三号、四号坦克相当，但正面装甲有 32 度的斜角，侧面也有 49 度。炮塔是铸造而成的六角形，正面装甲厚度 60 毫米，侧面为 45 毫米，车身的斜角一直延伸到炮塔。

★ T-34 坦克 3D 图

•作战性能

T-34 坦克的底盘悬挂系统是美国工程师克里斯蒂所发明的新式悬挂系统，可以让坦克的每个车轮独立地随地形起伏，产生极佳的越野能力和速度。这项技术因为规格问题未被美军采用，反而被苏联买下专利，并应用于 T-34 坦克上。这使得 T-34 坦克的越野机动性优于德军坦克，而宽履带的设计也将接地压力减至很小。T-34 坦克的最大行驶速度为 55 千米 / 小时，满载弹药时 T-34 的时速仍可达 40 千米 / 小时，最大行程则有 468 千米。在冰天雪地的东线战场，T-34 坦克可在雪深一米的冰原上自由驰骋，被德军称为“雪地之王”。

草坪上的 T-34 坦克

No. 32 苏联 T-44 中型坦克

基本参数	
长度	6.07 米
宽度	3.25 米
高度	2.46 米
质量	32 吨
最大行程	350 千米
最大速度	53 千米 / 小时

雪地中的 T-44 坦克

T-44 坦克是苏联在 T-34/85 坦克基础上改进而来的中型坦克，主要改进了扭杆悬挂、横置发动机以及传动装置。T-44 坦克有 4 名乘员，取消了原本 T-34/85 中型坦克的机电员，航向机枪固定在车体上，由驾驶员控制发射。炮塔是 T-34/85 坦克炮塔的改进型，但是炮塔底部没有突出的颈环。T-44 中型坦克的主要武器是 1 门 85 毫米 ZiS-S-53 坦克炮，辅助武器是 2 挺 7.62

毫米 DTM 机枪。

从总体布置上来看，T-44 坦克兼有 T-34 中型坦克和 T-54/55 主战坦克的特点，其外形低矮、内部布置十分紧凑。且发动机的横向布置、扭杆弹簧悬挂装置以及车体侧面的垂直装甲板，使该坦克更像 T-54/55 主战坦克。

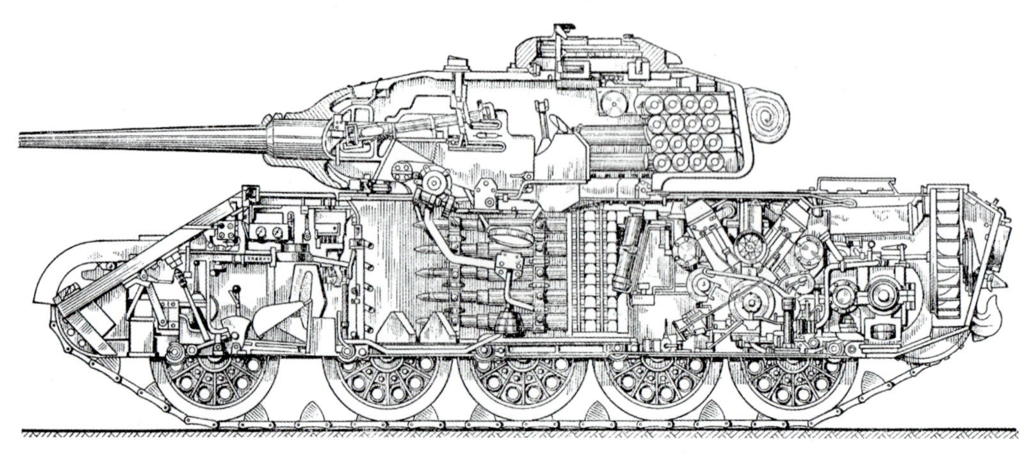

★ T-44 坦克结构图

士兵与 T-44 坦克

No. 33 英国“十字军”中型坦克

基本参数	
长度	5.97 米
宽度	2.77 米
高度	2.24 米
质量	19.7 吨
最大行程	322 千米
最大速度	43 千米 / 小时

“十字军”坦克是英国在二战时期最主要的巡航坦克，占战时英国坦克总产量的 19.6%。该坦克是英军在北非战役中最重要的坦克，但由于可靠性不足和装甲薄弱，在进攻意大利时被美国坦克取代。

•研发历史

1939 年，英国诺非尔德集团参与生产了 Mk Ⅲ巡航坦克（A13，后来改进成 Mk Ⅴ“立约者”巡航坦克）。其后诺非尔德集团也开始自行研制巡航坦克，定型后命名为“十字军”坦克（Mk Ⅵ），英军参谋部命名编号为 A15。虽然“十字军”坦克的设计参考了“立约者”坦克，但两者的开发时间很接近，“十字军”坦克的样车推出时间距离第一辆服

展览中的“十字军”坦克

役的“立约者”坦克仅有 6 个星期。“十字军”坦克于 1940 年初开始生产，到 1943 年停止生产为止，Ⅰ型、Ⅱ型、Ⅲ型三种坦克的总生产量达 5300 辆，成为英军在二战前期的主力战车。

“十字军”坦克首次服役于 1941 年 6 月的“战斧”行动中，其后的“十字军”行动也因英军大量投放这种坦克而命名。虽然“十字军”坦克的速度远胜于德军坦克，但存在火力差、装甲薄弱和可靠性不足的问题。当德军部队使用反坦克炮从远处攻击时，“十字军”坦克的射程和火力根本难以反击。在北非战役后，“十字军”坦克被性能更好的 M4“谢尔曼”坦克、“克伦威尔”坦克所取代，“十字军”坦克大多退出一线，少部分改装成自行防空炮或火炮牵引车。

•武器构造

“十字军”坦克Ⅰ型除了主炮塔外，车体前部左侧还有一个小机枪塔，能够小幅度转动。Ⅱ型是Ⅰ型的装甲强化型，其特点是所有的装甲厚度都加厚了 6 ~ 10 毫米，车体正面和炮塔正面焊接上 14 毫米厚的附加装甲板。Ⅲ型的生产数量最多，乘员人数减为 3 人，取消了前机枪手和装填手。此外，该坦克的车体和炮塔以铆接式结构为主，三种型号的装甲都比较薄弱。

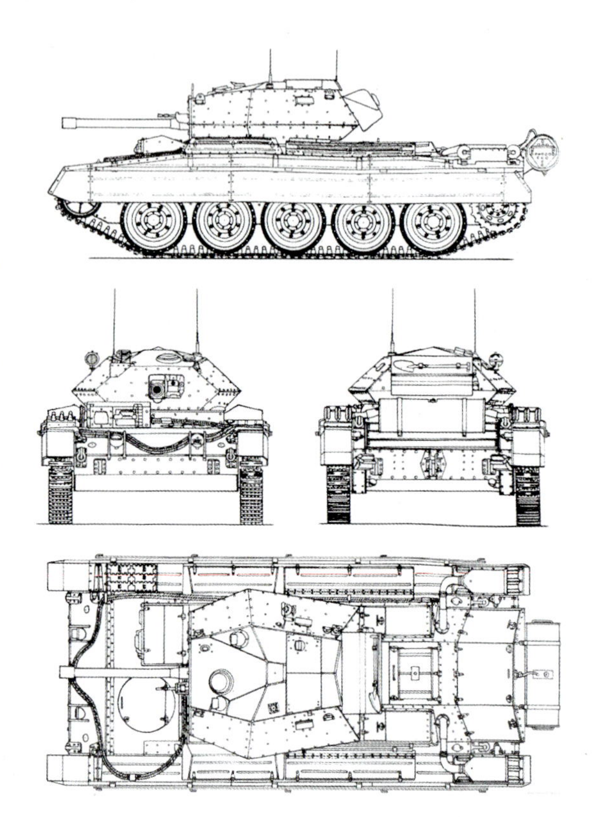

★“十字军”坦克结构图

•作战性能

“十字军”Ⅰ型和Ⅱ型的主要武器是 1 门 40 毫米火炮，辅助武器为 2 挺 7.92 毫米机枪。此外，车内还有 1 挺用于防空的布伦轻机枪，但不是固定武器。Ⅲ型换装了 57 毫米火炮，炮塔也重新设计。辅助武器是 1 挺 7.92 毫米同轴机枪，弹药基数为 5000 发。

展厅中的“十字军”坦克

No. 34 英国“马蒂尔达”中型坦克

基本参数	
长度	5.61 米
宽度	2.59 米
高度	2.52 米
质量	26.9 吨
最大行程	258 千米
最大速度	24 千米 / 小时

“马蒂尔达”坦克是英国于 20 世纪 30 年代研制的步兵坦克，是极少数以女性名字命名的坦克。二战时期，该坦克在北非作战及其他对德作战中发挥了一定作用。

●研发历史

20 世纪 20 年代中期，英国把坦克分为三大类：巡航坦克、步兵坦克和轻型坦克。巡航坦克装甲较薄，机动性能较强，用于机动作战。步兵坦克装甲较厚，机动性能较差，用于伴随步兵作战。1934 年，英国军方与维克斯公司签订了研制合同，开始研制步兵坦克。约翰 · 卡登爵士主持了设计工作，并初步定名为 A11 型坦克。英国军方还为它起了一个秘密代

“马蒂尔达”坦克前方视角

号，即“马蒂尔达”。1936 年 9 月，维克斯公司制成第一辆样车，即“马蒂尔达”Ⅰ型。英国陆军参谋部对此并不满意，于是维克斯公司继续加以改进，1938 年 4 月完成了“马蒂尔达”Ⅱ型的试制一号车，1939 年 9 月开始装备英军。

“马蒂尔达”Ⅰ型共生产 139 辆，1938 ~ 1940 年装备驻法国的英军。在德军闪击法国时，“马蒂尔达”Ⅰ型的缺点暴露无遗，损失惨重。一部分“马蒂尔达”Ⅰ型从敦刻尔克撤回英国本土，改当教练车用。“马蒂尔达”Ⅱ型的生产一直持续到 1943 年，总生产量达 2890 辆，它几乎参加了英军二战中的所有主要战斗。在北非战场上，“马蒂尔达”Ⅱ型打出了威风，英军坦克兵亲切地称它为“战争女皇”。在二战后期，以苏联红军为首的同盟国军队占据了战场的主动权。“马蒂尔达”Ⅱ型还被苏联红军广泛使用，包括莫斯科战役期间。1942 年中期之后，英军将“马蒂尔达”Ⅱ型改装成各种特种车辆，如扫雷坦克、喷火坦克、架桥坦克等，一直使用到二战结束。

•武器构造

“马蒂尔达”Ⅱ型的行动部分采用了平衡式悬挂装置，每两个负重轮为一组，每侧有 10 个小直径的负重轮，主动轮在后，诱导轮在前。另外，履带外侧有侧护板及排泥槽。采用平衡式悬挂装置的优点是行驶平稳，但其缺点是动行程很小，只适于低速行驶的坦克。二战以后的坦克上，已不再采用平衡式悬挂装置。

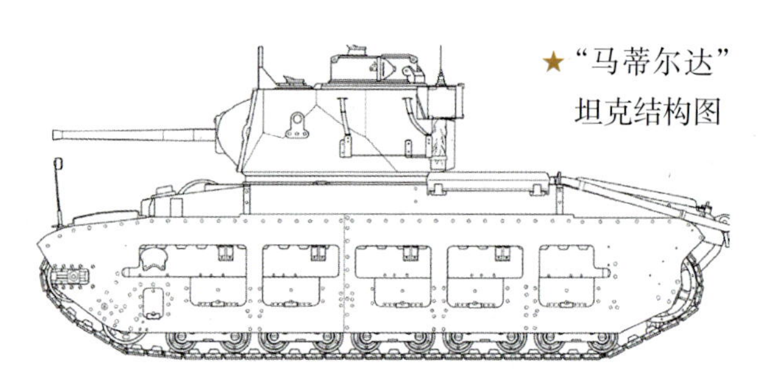

★“马蒂尔达”坦克结构图

•作战性能

“马蒂尔达”坦克Ⅰ型的防护力较强，车体正面装甲厚 60 毫米，炮塔的四周均为 65 毫米厚的钢装甲。动力装置为福特 8 缸汽油发动机，最大功率仅 51.5 千瓦。Ⅱ型的装甲进一步加强，动力装置为两台直列 6 缸柴油发动机，单台最大功率为 64 千瓦。后来生产的Ⅱ型换装功率更大的柴油发动机，总功率达到 140 千瓦。双发动机布置方案虽然有一定的动力优势，但也带来了占用车内空间和同步协调等问题。除此之外，Ⅰ型的主要武器仅有 1 挺 7.7 毫米机枪，其火力较弱。即使换装了 12.7 毫米机枪，但由于原来的炮塔太小，所以乘员操纵射击十分费劲。

展厅中的“马蒂尔达”坦克

No. 35 英国“克伦威尔”中型坦克

基本参数	
长度	6.35 米
宽度	2.91 米
高度	2.83 米
质量	28 吨
最大行程	270 千米
最大速度	64 千米 / 小时

“克伦威尔”坦克（Mk Ⅷ，A27M）是英国在二战中研制的巡航坦克，系列中一部分型号称为“人马座”。该坦克是英国在二战中使用的性能最好的巡航坦克系列之一，也是后来的“彗星”巡航坦克的设计原型。

●研发历史

20 世纪 40 年代初，英国参谋本部制订了“重型巡航战车”计划。根据 1941 年的战术技术要求，拟发展重 25 吨、前装甲厚 70 毫米、能发射 6 磅炮弹的重型坦克。1942 年 1 月，伯明翰铁路公司研发出第一辆试验车，首批生产型坦克直到 1943 年 1 月才制造出来。这是一种采用航空引擎并把功率调低的坦克，

展览中的“克伦威尔”坦克

被命名为“克伦威尔”坦克。

“克伦威尔”坦克的型号众多，包括“人马座”系列（Ⅰ、Ⅱ、Ⅲ、Ⅳ）、“人马座”防空系列（Ⅰ、Ⅱ）、“克伦威尔”系列（Ⅰ、Ⅱ、Ⅲ、Ⅳ、Ⅳw、Ⅴw、Ⅵ、Ⅶ、Ⅶw、Ⅷ）和最后研制的“挑战者”及“复仇者”坦克。

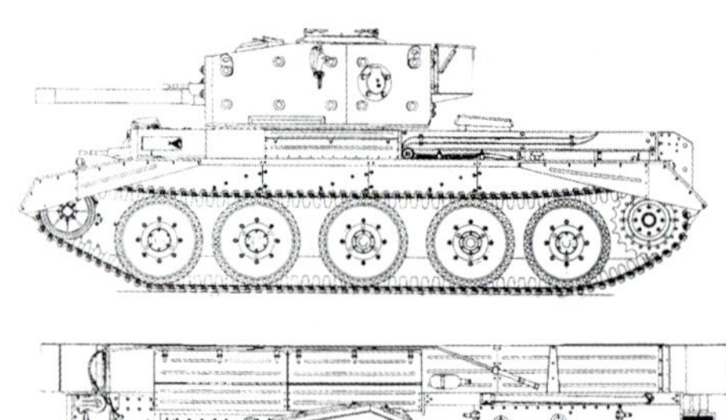

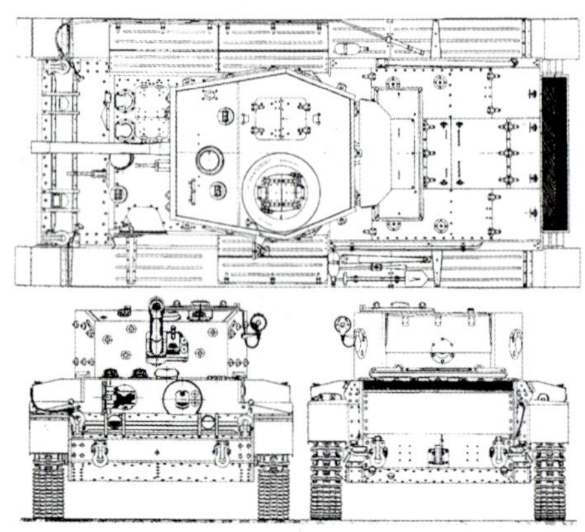

★“克伦威尔”坦克结构图

•武器构造

“克伦威尔”坦克的车体和炮塔多为焊接结构，有的为铆接结构，装甲厚度为 8 ~ 76 毫米。Ⅰ型、Ⅱ型、Ⅲ型坦克的战斗全重 28 吨，乘员 5 人。传动装置有 4 个前进挡和 1 个倒挡，行动装置采用克里斯蒂悬挂装置。

Ⅳ型、Ⅴ型、Ⅶ型的区别是，Ⅳ型采用铆接车体，Ⅴ型采用焊接车体，Ⅶ型加装附加装甲。“挑战者”和“复仇者”坦克换装了 76.2 毫米加农炮，车体加长，战斗全重增加到 31.5 吨。

•作战性能

“克伦威尔”坦克Ⅰ型、Ⅱ型和Ⅲ型的主要武器是 1 门 57 毫米火炮，辅助武器有 1 挺 7.92 毫米同轴机枪和 1 挺 7.92 毫米前机枪。Ⅳ型、Ⅴ型、Ⅶ型坦克换装了 75 毫米火炮，增装了炮口制退器，发射的弹种由以穿甲弹为主转向以榴弹为主。Ⅵ型、Ⅷ型坦克换装了 95 毫米榴弹炮。虽然“克伦威尔”坦克的名气不如“马蒂尔达”坦克、“丘吉尔”坦克般响亮，但其优异且均衡的性能在地中海、法国战场获得了相当高的评价，曾是英国最重要的巡航坦克。由于装备部队的时间较晚，加上火炮威力相对较弱，“克伦威尔”坦克在二战中发挥的作用有限，但在诺曼底战役及随后的进军中也为战争的胜利做出过贡献。

作战中的“克伦威尔”坦克

外展中的“克伦威尔”坦克

No. 36 英国“彗星”中型坦克

基本参数	
长度	6.55 米
宽度	3.04 米
高度	2.67 米
质量	33 吨
最大行程	250 千米
最大速度	51 千米 / 小时

“彗星”坦克是英国研制的最后一种巡航坦克，由“克伦威尔”系列巡航坦克发展而来。该坦克性能优秀，但未能在二战中一显身手。英国一直使用到 1958 年，还有些国家甚至持续使用到 20 世纪 70 年代。

●研发历史

二战中期，英军装备的巡航坦克在北非沙漠作战中始终处于劣势，引起了盟军的重视。为此，英国国防部决定在“克伦威尔”坦克的基础上，研制出火力更强大的巡航坦克，这就是“彗星”坦克的由来。1944 年 11 月，“彗星”坦克开始装备英军第 11 装甲师的第 22 装甲旅，装备的进度较快。在二

前进中的“彗星”坦克

战结束前，第 11 装甲师已全部换装“彗星”坦克。1949 年开始，“百夫长”主战坦克开始代替“彗星”坦克，这意味着英军装备的“彗星”坦克大多数只有 5 年服役期。除英国外，芬兰、爱尔兰、南非和缅甸等国家也曾使用过“彗星”坦克。

20 世纪 50 年代末期，英军中仍有小部分“彗星”坦克在服役。在一些局部战争中，英军参战的坦克以“百夫长”坦克为主，不过仍然有极少量的“彗星”坦克用于训练和执勤。值得一提的是，英国军方在二战结束后便不再区分巡航坦克和步兵坦克。1958 年，“彗星”坦克作为英军最后一种巡航坦克，进入了英国鲍宾顿战车博物馆。

•武器构造

“彗星”坦克的车身和炮塔均采用焊接方式制造，其车身正面装甲和“克伦威尔”坦克一样采取垂直结构的传统设计，而同时期其他国家的主战坦克都已部分或全面采用了避弹角度较佳的倾斜装甲，这导致“彗星”坦克的装甲防护处于劣势。但是，“彗星”坦克尽可能地增加了装甲厚度，与“克伦威尔”坦克相比车重增加了 5 吨，装甲最厚达 102 毫米，使它能抵挡德国大部分反坦克武器的攻击。

淤泥中的“彗星”坦克

•作战性能

“彗星”坦克的主要武器为 1 门 77 毫米火炮，备弹 61 发。辅助武器为 2 挺 7.92 毫米的贝莎机枪，备弹 5175 发。值得一提的是，战场上的“彗星”坦克可作为装甲运兵车使用，为防止车尾排气管灼伤乘坐在车身上的步兵，加装了护罩。

准备出战的“彗星”坦克

士兵与“彗星”坦克

No. 37 英国 Mark Ⅰ中型坦克

基本参数	
长度	9.94 米
宽度	4.33 米
高度	2.44 米
质量	28.4 吨
最大行程	37 千米
最大速度	5.9 千米 / 小时

Mark Ⅰ坦克是英国研制的世界上第一种正式参与战争的坦克，主要作用是破坏战场上的铁丝网并越过战壕，能抵御小型武器的射击。该坦克是在“小威利”坦克的基础上研制而来，因此又被称为“大威利”（或译为“大游民”）坦克。

●研发历史

由于“小威利”坦克的性能无法满足英国政府的要求，因此特连顿爵士和威尔逊上尉又在其基础上迅速进行了改进。1915 年 12 月，两人成功制成试验车。1916 年 1 月 29 日，英国陆军对首批 29 辆“大威利”坦克进行试验，结果表明，“大威利”坦克可以跨越 3.5 米宽的堑壕，达到了陆军的要求。最初的“大威利”坦克有两种：没有装备火炮，只配有机枪的称

Mark Ⅰ“雌性坦克”侧面视角

★ Mark Ⅰ“雄性坦克”

为“雌性坦克”(Female Tank);既装备火炮,也配有机枪的称为“雄性坦克”(Male Tank)。“雌性坦克”不久便被放弃,“雄性坦克”则开始批量生产,并定型为Mark Ⅰ型。

•武器构造

Mark 1 坦克将底盘与上部车身结合为一体,变成一个高大的菱形,加上低重心及超长履带,就如把整个坦克车体变成了一个大车轮,令车体可以滚过很多铁丝网与大小壕沟。车体内的乘员室并无任何隔间,发动机和武器等机械同处于一个空间内,加上发动机没有减振和减音装置,因此环境非常恶劣。

Mark Ⅰ“雌性坦克”前方特写

•作战性能

Mark 1 坦克的主要作用是破坏战场上的铁丝网、越过堑壕,它能抵御小型武器的射击。该坦克的车体左右两旁各设有一门炮塔,“雄性坦克”在炮塔上装置的是 1 门霍奇基斯海军用 6 磅(57 毫米)快速炮,在炮塔的 6 磅炮后方另设置 1 挺哈齐开斯式重机枪,车身前后部两旁再各设置 1 挺哈齐开斯式重机枪,总计 2 门火炮,5 挺重机枪。“雌性坦克”是在“雄性坦克”原装设 6 磅炮的位置改为 1 挺 7.7 毫米维克斯水冷式重机枪,其他没有变化。由于当时没有无线电通信,所以 Mark 1 坦克车内会携带 2 只信鸽用来与司令部通信。

早期型英国 Mark Ⅰ“雄性坦克”

前进中的 Mark Ⅰ“雌性坦克”

No. 38 英国“谢尔曼萤火虫”中型坦克

基本参数	
长度	5.89 米
宽度	2.64 米
高度	2.70 米
质量	35.3 吨
最大行程	193 千米
最大速度	40 千米 / 小时

“谢尔曼萤火虫”坦克是二战时英国将美国提供的 M4“谢尔曼”坦克进行改装，换装上更具威力的 QF 76.2 毫米反坦克炮作为主炮的中型坦克。

●研发历史

1943 年初，英军在北非突尼斯境内首次与德军“虎”式坦克交手，虽然取得了胜利，但也暴露出英军乃至所有同盟国坦克装备的火炮无法与德国坦克正面对抗的弱点。对缴获的“虎”式坦克进行的火炮射击试验和在西西里岛的战争经验证明英国陆军装备的 QF76.2 毫米反坦克炮是最有效的反坦克武器，为开辟欧洲大陆第二战场做准备，并对抗德国的重型坦克，英国陆军决定

博物馆中的“谢尔曼萤火虫”坦克

加快 QF76.2 毫米反坦克炮的车载化进程。

将 QF76.2 毫米反坦克炮装在“谢尔曼”坦克上的想法最初遭到了英国军需部的坦克决选委员会的否定。尽管当时英国使用了大量的美国坦克，但他们希望研发中的新坦克可以在反坦克任务上取代美制坦克。为此，英国积极研发其他使用 QF76.2 毫米反坦克炮的坦克，在过渡期先以“谢尔曼萤火虫”坦克填补空缺。由于其他坦克的研发并不顺利，因此在所有使用 QF76.2 毫米反坦克炮的坦克中，“谢尔曼萤火虫”坦克所占比例是最高的。

1943 年 11 月，“谢尔曼萤火虫”坦克的改造工作在英国利兹市巴恩勃的皇家炮兵工厂内进行，首次订单为 2100 辆。在诺曼底战役中，“谢尔曼萤火虫”坦克是唯一可以在正常作战距离击毁“豹”式坦克和“虎”式坦克的英军坦克。意识到这点后，德军坦克和反坦克组员被指示优先攻击“谢尔曼萤火虫”坦克。

•武器构造

与“谢尔曼”坦克相比，“谢尔曼萤火虫”坦克不仅换装了 QF76.2 毫米反坦克炮及炮架。车载无线通信系统移动到新设置的焊接在炮塔后部的装甲盒内，炮塔上部装甲板增设装填手出入用舱盖，侧面的轻武器射击口被取消，用电焊封闭。与此同时，车体航向机枪也被取消，在车体外侧用装甲板焊接封闭，节省的车体容积部分增设了主炮弹架。

展览中的“谢尔曼萤火虫”坦克

•作战性能

“谢尔曼萤火虫”坦克的主要武器是 QF 76.2 毫米反坦克炮，这是英国在战时火力最强的反坦克炮，也是所有国家中最有威力的反坦克炮之一，其穿甲能力优于“虎”式坦克的 88 毫米坦克炮、“豹”式坦克的 75 毫米炮或 M26“潘兴”的 M3 90 毫米炮。当使用标准的钝头被帽穿甲弹（APCBC），入射角度为 30 度时，“谢尔曼萤火虫”坦克的主炮可以在 500 米远击穿 140 毫米厚的装甲，在 1000 米远击穿 131 毫米厚的装甲。若用脱壳穿甲弹（APDS），入射角度同样为 30 度时，在 500 米远可击穿 209 毫米厚的装甲，在 1000 米远则可以击穿 192 毫米厚的装甲。

尽管“谢尔曼萤火虫”坦克有优秀的反坦克能力，但在对付软目标，如敌人步兵、建筑物和轻装甲的战车时，被认为比一般的“谢尔曼”坦克差。因此，盟军的坦克单位一般会拒绝完全换用“谢尔曼萤火虫”坦克。另一个问题是 QF76.2 毫米炮开火时会扬起大量的尘土以及烟雾，使得炮手不容易观测炮弹的落点，而必须仰赖车长观察落点并修正。烟尘同时也会暴露开火位置，因此“谢尔曼萤火虫”坦克每射击几次后就必须转移位置。

No. 39 意大利 M15/42 中型坦克

基本参数	
长度	4.92 米
宽度	2.20 米
高度	2.40 米
质量	15.5 吨
最大行程	200 千米
最大速度	40 千米 / 小时

M15/42 坦克是意大利在二战中生产的最后一款中型坦克，其设计借鉴了之前的 M13/40 中型坦克以及 M14/41 中型坦克。这种坦克的定位本来是 P-40 重型坦克，因其主炮和弹药的问题，投产时性能已经落后，所以未能按计划参加北非战役。但是，德国陆军在南斯拉夫和意大利的战斗中使用了 M15/42 坦克。

准备出战的 M15/42 坦克

在结构上，M15/42 坦克的车体比 M14/41 坦克更长，主炮是 1 门 47 毫米 L/40 火炮，最大俯仰角分别为 -10 度和 +20 度。主炮能发射空心装药弹、高爆弹以及穿甲弹。另外，M15/42 中型坦克还装备有 5 挺 8 毫米布雷达 38 型机枪（2 挺装在车体上，2 挺同轴放置，第 5 挺则放在车顶，作为防空机枪）。此外，该坦克的动力装置为 1 台 SPA 15TB M42 汽油发动机，最大功率为 141 千瓦。

前进中的 M15/42 坦克

展览中的 M15/42 坦克

No. 40 意大利 M11/39 中型坦克

基本参数	
长度	4.70 米
宽度	2.20 米
高度	2.30 米
质量	11 吨
最大行程	200 千米
最大速度	32 千米 / 小时

M11/39 坦克是意大利于二战初期使用的一种中型坦克。尽管意大利将其以中型坦克的名义进行研制，但以该坦克的吨位与火力与同时期其他国家相比，较接近轻型坦克的级别。

●研发历史

M11/39 坦克原计划设计为“突破用坦克”，其设计主要是受到英国维克斯六吨坦克的影响，特别是在履带与悬挂系统上。该坦克的命名方式为:“M”是指“Medio”，即意大利语的中型坦克之意；而“11”是指该车的车重——11 吨；“39”则是采用年份——1939 年。

★ 战争中的 M11/39 坦克

大多数 M11/39 坦克（总数 100 辆中的 72 辆）被投入于北非战场的战斗中，但也有少部分被送往意属东非。相较于以往意军使用的 L3/33 和 L3/35 等坦克，M11/39 坦克已算是有很大的进步。M11/39 坦克在早期遭遇英军的轻型坦克时，其 37 毫米主炮尚能充分压制对方只能防御机枪的车体装甲，而遭遇英军的重型巡航坦克与步兵坦克时，意军坦克便完全处于劣势。

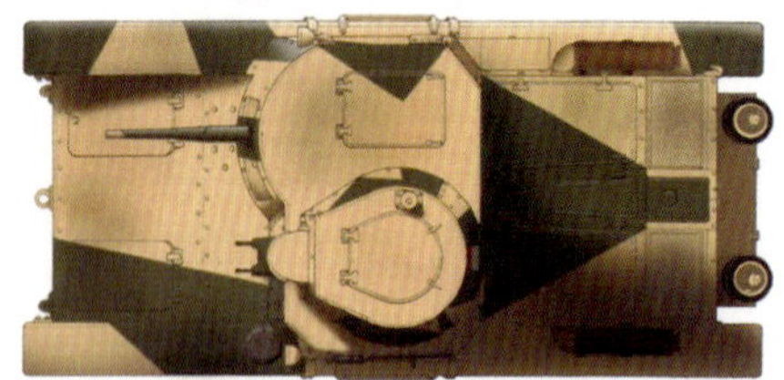

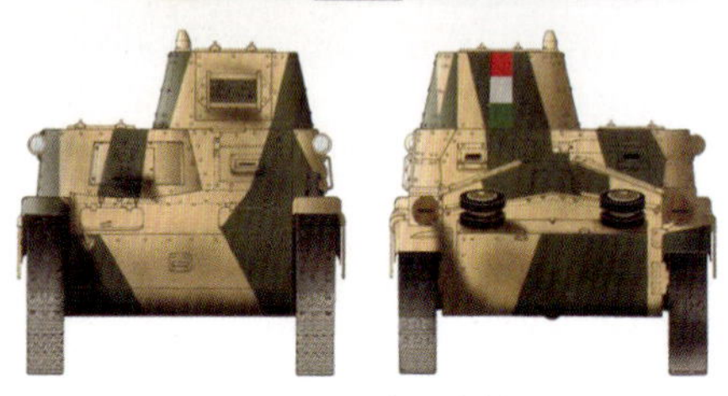

★ M11/39 坦克不同侧面图

•武器构造

M11/39 坦克的主要武器是一门 37 毫米口径火炮，其位置极为固定，仅能左右 15 度横摆移动。辅助武器是 2 挺在一座旋转炮塔上的 8 毫米机枪。机枪由一人操控，而此人必须在狭窄且需要手动操作的炮塔里开火。所有的 M11/39 坦克在设计时都有预定配置无线电，但在生产时没有一辆有装备。此外，该坦克的作战设计概念为：以主炮对付敌人的重型坦克，而用炮塔上的武器防御其他的全方面威胁。

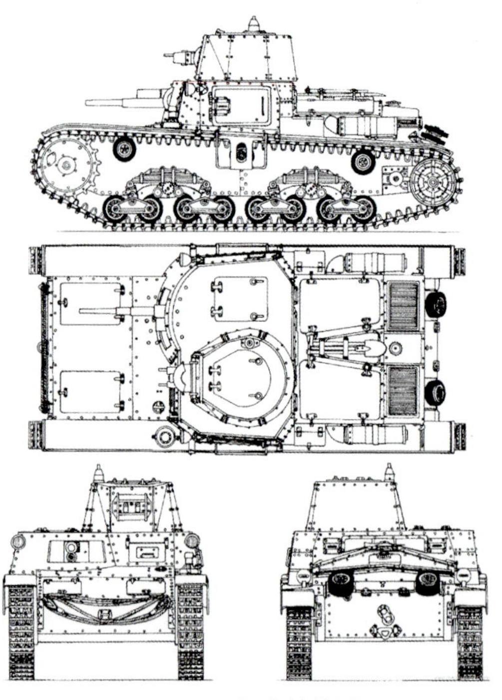

★ M11/39 坦克结构图

•作战性能

除了极为贫弱的火力外，M11/39 坦克还有许多缺点：不仅机械可靠性和耐久性差，行驶速度也很慢。该坦克最厚才 30 毫米的铆接式装甲钢板仅能抵挡 20 毫米机关炮的火力，英军的 2 磅炮在即使是对 M11/39 主炮有利的距离内，也能击毁该坦克。

快速前进中的 M11/39 坦克

No. 41 意大利 M13/40 中型坦克

基本参数	
长度	4.92 米
宽度	2.28 米
高度	2.37 米
质量	14 吨
最大行程	200 千米
最大速度	32 千米 / 小时

M13/40 坦克是二战中意大利使用最广泛的中型坦克，尽管是以中型坦克的理念来设计，但其装甲与火力的标准较接近轻型坦克。

• 研发历史

M13/40 坦克受英国维克斯六吨坦克的影响很多，并以早期 M11/39 坦克的改良底盘为基础设计。事实上，M11/39 坦克的生产工作还被缩短，以进行 M13/40 坦克的量产。与 M11/39 坦克的命名规则相同，M13/40 坦克的命名方式为："M" 是指 "Medio"（意大利语：中型坦克之意）；"13" 是指该车预计的车重——13 吨；"40" 则是生产年份——1940 年。

展览中的 M13/40 坦克

M13/40 坦克主要用来取代二战初期意大利陆军里的 L3、L6/40 和 M11/39 坦克。该坦克被用于 1940 年入侵希腊、入侵南斯拉夫的行动以及 1941 年的北非战场。M13/40 坦克并没有在东线使用，意军在当地仅装备了 L6/40 坦克和 47/32 自行火炮。1942 年初，意军认识到 M13/40 系列坦克的火力不足，于是赶紧在装甲部队中配发 75/18 自行火炮。

•武器构造

M13/40 坦克装有 4 挺机枪：1 挺主炮同轴机枪和 2 挺前方机枪，置于球形炮座，第 4 挺机枪则装设于炮塔顶，作为防空机枪。该坦克有 2 个潜望镜分别给车长和炮手使用，还有无线电作为标准配备。

草坪中的 M13/40 坦克

M13/40 坦克的装甲由铆接的钢板所构成，厚度分别为：车前 30 毫米（同 M11/39）、炮塔前 42 毫米（M11/39 为 30 毫米）、侧面 25 毫米（M11/39 为 15 毫米）、车底 6 毫米（这使它非常容易被地雷所破坏）和顶部 15 毫米。乘员于前方战斗舱，引擎置于车后方，传动装置则在前方。战斗舱可容纳 4 名乘员：驾驶员、机枪手在车体中，而炮手与车长则在炮塔中。

除此之外，M13/40 坦克使用自维克斯衍生而来的传动系统，有 2 个转向架和两侧各 8 个小型路轮，使用弹簧叶片悬挂装置。履带则以传统的钢板做骨架连接，且相当窄。这样的设计曾让意军以为在山区作战时能有良好的机动性，但后来 M13/40 坦克被部署到沙漠后则发现机动性极差。

•作战性能

M13/40 坦克的主要武器为一门 47 毫米口径火炮，共载有 104 发穿甲弹与高爆弹，能够在 500 米距离贯穿 45 毫米的装甲板，能有效对付英军的轻型与巡航坦克，但仍无法对付较重型的步兵坦克。

该坦克创造性地以一个 91.9 千瓦的柴油引擎为动力，它比汽油引擎耗油更少、航程更长且引发火灾的可能性较低。

士兵与 M13/40 坦克

No. 42 意大利 M14/41 中型坦克

基本参数	
长度	4.92 米
宽度	2.28 米
高度	2.37 米
质量	14.5 吨
最大行程	200 千米
最大速度	33 千米 / 小时

M14/41 中型坦克是意大利早期使用的 M13/40 坦克的改良型，它使用与 M13/40 相同的底盘但设计更佳的车体，拥有较好的装甲。

•研发历史

与 M11/39 坦克和 M13/40 坦克一样，M14/41 坦克虽然是以中型坦克的理念来设计，但其装甲与火力的标准较接近轻型坦克。该坦克于 1941~1942 年期间生产，共生产 800 辆左右。M14/41 坦克的命名方式为："M"是指"Medio"（意大利语：中型坦克之意）；"14"是指该车车重——14 吨；"41"则是被批准的年份——1941 年。

展厅中的 M14/41 坦克

M14/41 坦克首先被部署于北非战场，很快就暴露出许多缺点：可靠性差、内部空间拥挤和被击中容易起火。随着意军从北非退出，M14/41 坦克遭遇到的敌人越来越少，仍有大量 M14/41 坦克被英国与澳大利亚的部队缴获使用，但都没有服役很久。值得一提的是，意大利曾以 M14/41 坦克的底盘制造了性能不错的 90/53 驱逐战车。

•武器构造

M14/41 坦克的主要武器是一门 47 毫米口径火炮，辅助武器为两挺 8 毫米 Modello38 机枪，其中一挺为同轴机枪；另一挺作为防空机枪。该坦克的装甲厚度从 6 毫米到 42 毫米不等，防护能力较差。

★ M14/41 坦克 3D 图

•作战性能

M14/41 坦克的动力装置为 SPA 15-TM-40 8 气缸汽油引擎，输出功率为 114.84 千瓦。悬挂系统为“竖锥”型弹簧悬挂装置。该坦克最大速度 33 千米 / 小时，最大行程 200 千米。

★ 展览中的 M14/41 坦克

No. 43 法国“索玛”S-35 中型坦克

基本参数	
长度	5.38 米
宽度	2.12 米
高度	2.62 米
质量	19.5 吨
最大行程	230 千米
最大速度	40 千米 / 小时

“索玛”S -35 坦克是法国在二战中使用的一种骑兵坦克，一度被评价为“20 世纪 30 年代最佳的中型坦克”。以当时的质量标准来说，S-35 坦克是同级坦克中机动性相当高的，武器与装备也优于法军和外国其他同级的坦克。

•研发历史

20 世纪 20 年代，法国坦克的发展可以用“由轻到重”来概括。自一战后，法国一直受“以步兵为主体”“坦克的任务应该是支援步兵”的观点的影响。到了 30 年代，步兵为主体地位的观点发生了变化，即“强调坦克直接协同步兵作战”。在这种思想指导下，法国研制出了 B1 重型坦克和 S-35 中型坦克等新式坦克。S-35 坦克的设计定于

草坪上的 S -35 坦克

1934 年 6 月 26 日，是为骑兵所使用的装甲战斗车辆。1935 年 4 月 14 日，施耐德电气的子公司索玛公司制造了一辆名为“AC3”的原型车，并在 1935 年 7 月 4 日 ~ 8 月 2 日期间进行测试，之后又生产了四辆名为“AC4”的改良型。1936 年 3 月 25 日，AC4 被定为标准骑兵用中型坦克，官方命名为“1935 年型装甲战斗车”（AMC1935 S）。这种坦克通常被称为“S-35 坦克”；S 指的是索玛；35 则是取自于 1935 年。

1936 年春，S-35 坦克开始批量生产，随后装备部队。该坦克从 1936 年至 1940 年共生产约 500 辆。1940 年法国被占领后，德军接收了全部法国坦克，并利用 S-35 坦克执行各种任务，有些还参加了对苏联的入侵，德军把这种坦克命名为 35C739（f）坦克。德军还将其中一部分改装为装甲指挥车，另有少部分转交给了意大利。

•武器构造

展览中的 S-35 坦克

S-35 坦克的炮塔和车体由钢铁铸造而成，具有优美的弧度，无线电对讲机是标准设备，这些独特设计影响了后来的美国“谢尔曼”坦克和苏联 T-34 坦克。S-35 坦克战斗全重为 19.5 吨，乘员 3 人，炮塔正面装甲厚度 55 毫米，车身装甲厚度 40 毫米，最薄弱的后部也有 20 毫米，防护效果相当不错。该坦克还有自动灭火系统，关键位置还设有洒出溴甲烷的装置。

•作战性能

S-35 坦克装备一门 47 毫米 L/40 加农炮，堪称西线战场威力最大的坦克炮之一。动力系统是一台 8 缸汽油发动机，功率 140 千瓦，公路最高时速 40 千米 / 小时。与德军三号坦克相比，S-35 坦克的火力和防护力都毫不逊色，只是机动性能略差。

在德军中服役的 S-35 坦克

No. 44 日本 97 式中型坦克

基本参数	
长度	5.52 米
宽度	2.33 米
高度	2.23 米
质量	15.3 吨
最大行程	210 千米
最大速度	38 千米 / 小时

97 式中型坦克是日本在二战期间装备的最成功的一种坦克，于 1937 年设计定型，1938 年开始装备部队。

•研发历史

1916 年，索姆河战役中出现了世界上第一辆坦克。随后，旧日本陆军认识到了坦克的巨大价值，并马上引进了英国的 Mk Ⅳ型坦克。在对该型坦克进行了仔细的研究后，日本研制出 89 式坦克。尽管它并不先进，但却是世界上最早采用风冷式柴油机的坦克。到了 20 世纪 30 年代中期，89 式坦克的火力和机动性已明显

97 式坦克前侧方视角

落后于当时世界坦克的发展潮流。为此，日军参谋总部和工程部在 1936 年决定发展一种新式坦克，于是采用了三菱重工的样车“奇哈”，将其定名为 97 式中型坦克。“97”是日本天皇纪年 2597 年（公元 1937 年）的后两位数字。

外展中的 97 式坦克

1936 年，97 式坦克开始装备部队。1939 年 7 月，在哈拉哈河战役中，有 4 辆 97 式坦克首次参加战斗。在太平洋战争和东南亚战场中，97 式坦克运用更为广泛。在 1941 年 12 月至 1942 年战略进攻阶段，日军在入侵马来西亚、新加坡、泰国、缅甸以及攻占菲律宾时，都使用了 97 式坦克。1943 年 5 月，日军将大量装甲兵部队陆续调往太平洋诸岛加强防御，在塞班岛、莱特岛、吕宋岛、硫磺岛、冲绳岛的激烈争夺战中，都使用了 97 式坦克。由于盟军处于绝对优势，装备数百辆 97 式坦克的日本关东军精锐——第 1、第 2、第 4、第 6、第 7、第 9、第 14 和第 24 坦克团，全部在太平洋海岛上被歼灭。

•武器构造

97 式坦克的车长和炮手位于炮塔内，驾驶员位于车体前部的右侧，机枪手在驾驶员的左侧，炮塔位于车体纵向中心偏右的位置。车体和炮塔均为钢质装甲，采用铆接结构，最大厚度 25 毫米。

★ 97 式坦克

•作战性能

97 式坦克的主要武器为 1 门 97 式 57 毫米短身管火炮，可发射榴弹和穿甲弹，携弹量 120 发（榴弹 80 发、穿甲弹 40 发），其穿甲弹可以在 1200 米的距离击穿 50 毫米厚的钢质装甲。

准备出战的 97 式坦克

前进中的 97 式坦克

第 4 章

重型坦克

重型坦克的火炮口径大，炮管长，攻击力强。同时，重型坦克的车体装甲厚，抵御炮击的能力强，但庞大的身躯和缓慢的移动速度，使得重型坦克难以担任侦察任务。

No. 45 美国 M26“潘兴”重型坦克

基本参数	
长度	8.65 米
宽度	3.51 米
高度	2.78 米
质量	41.9 吨
最大行程	161 千米
最大速度	40 千米 / 小时

M26“潘兴”重型坦克是美国专为对付德国“虎”式重型坦克而设计，于二战末期装备美国陆军。

•研发历史

二战期间，美国曾以 M4“谢尔曼”中型坦克的数量优势来对付德国坦克的质量优势，但美国人并不甘心坦克技术上的劣势，于 1942 年研制出第一辆重型坦克 T1E2，后来在该坦克的基础上又发展成 M6 重型坦克。该坦克的性能虽然优于德国的“黑豹”中型坦克，但却赶不上德国的“虎”式重型坦克。

M26 坦克前方视角

为了改变 M6 重型坦克的劣势，美国发展了两种坦克，一种是 T25；另一种是 T26。这两种坦克都采用新型的 T7 式 90 毫米火炮。其中 T26 得到了优先发展，其试验型有 T26E1、T26E2 和 T26E3 三种型号。其中 T26E1 为试验型，T26E2 装一门 105 毫米榴弹炮，后来又发展为 M45 中型坦克。T26E3 在欧洲通过了实战的考验，于 1945 年 1 月定型生产，称为 M26 重型坦克，以美国名将“铁锤将军”约翰 · 潘兴将军命名。该坦克开始时是作为重型坦克定型的，到了 1946 年 5 月改划为中型坦克类。

•武器构造

M26“潘兴”坦克为传统的炮塔式坦克，车内由前至后分为驾驶室、战斗室和发动机室。该坦克有乘员 5 人：车长、炮手、装填手、驾驶员和副驾驶员。驾驶员位于车体前部左侧，副驾驶员（兼任前机枪手）位于车体前部右侧，他们的上方各有一扇可向外开启的舱门，门上有一个潜望镜。炮塔位于车体中部稍靠前，为了保持火炮身管的平衡，炮塔尾部向后突出。车长在炮塔内右侧，炮手和装填手在炮塔内左侧。指挥塔位于炮塔顶部右侧。炮塔顶部装有一挺高射机枪，炮塔正面中央装有一门火炮，火炮左侧有一挺并列机枪。

草坪上的 M26 坦克

除此之外，M26“潘兴”坦克的车体为焊接结构，其侧面、顶部和底部都采用轧制钢板，而前面、后面及炮塔则是铸造的。车内设有专用加温器，供驾驶室和战斗室的乘员取暖。

•作战性能

M26“潘兴”坦克装备的 90 毫米 M3 坦克炮穿透力极强，能在 1000 米的距离穿透 147 毫米厚的装甲，虽然比起德军“虎王”坦克和苏军 IS 系列坦克等重型坦克仍有一定差距，但已足够击穿当时大多数坦克的装甲。该炮可使用曳光被帽穿甲弹、曳光高速穿甲弹、曳光穿甲弹和曳光榴弹，弹药基数为 70 发。

作战中的 M26 坦克

No. 46 美国 M103 重型坦克

基本参数	
长度	6.91 米
宽度	3.71 米
高度	3.20 米
质量	59 吨
最大行程	480 千米
最大速度	34 千米 / 小时

展览中的 M103 坦克

游行中的 M103 坦克

在 M1“艾布拉姆斯”主战坦克出现之前，M103 重型坦克一直是美军装甲最厚的坦克。M103 坦克的车体为铸造钢装甲焊接结构，车体正面装甲厚度为 110 ~ 127 毫米，侧面装甲厚度为 76 毫米，后面装甲厚度为 25 毫米。该坦克炮塔为铸造件，但尾舱底面为焊接结构，炮塔各部位的装甲厚度达 114 毫米，火炮防盾的装甲厚度更达到了 178 毫米。

M103 坦克的主要武器是 1 门 120 毫米 M58 线膛炮，该炮采用分装式弹药，弹种有穿甲弹、榴弹以及黄磷弹，同时还可发射破甲弹，弹药基数为 38 发。另外还采用立式炮闩，有双气室炮口制退器和炮膛抽烟装置，高低射界为 -8 度 ~ +15 度，由液压机构操纵。辅助武器为 2 挺 7.62 毫米同轴机枪和 1 挺 12.7 毫米高射机枪，能在指挥塔内由车长遥控操纵射击，弹药基数分别为 5250 发和 1000 发。

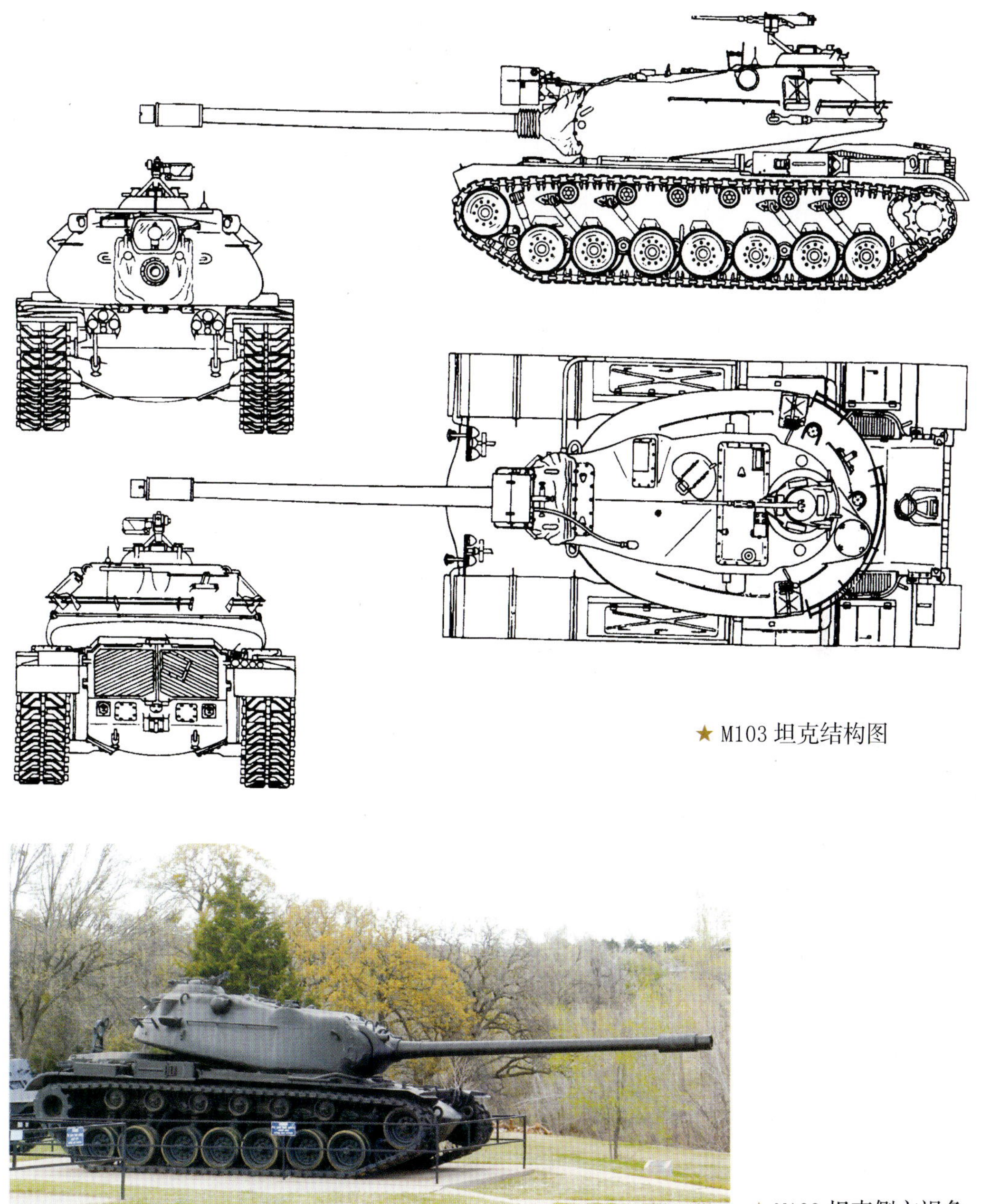

★ M103 坦克结构图

★ M103 坦克侧方视角

No. 47 德国“虎王”重型坦克

基本参数	
长度	7.38 米
宽度	3.76 米
高度	3.09 米
质量	69.8 吨
最大行程	170 千米
最大速度	42 千米 / 小时

“虎王”坦克是德国在二战后期研制的重型坦克，又称为“虎”Ⅱ（Tiger Ⅱ）。该坦克参加了二战后期欧洲战场的许多战役，直到最后还参加了标志着欧洲战场结束的柏林战役。

•研发历史

1937 年，德国武器军备发展局提出了重型坦克的研发计划，并将具体性能要求发给了德国的奔驰公司、曼公司、亨舍尔公司和保时捷公司。1941 年 5 月的一次军事会议上，新式重型坦克发展计划正式起步，希特勒在会议上提出了相关要求：具有击穿

“虎王”坦克前侧方视角

敌人坦克的强大火力和敌人坦克无法击穿的厚实防护装甲，且最大速度不低于 40 千米 / 小时。这次会议决定发展了“虎”式和“虎王”两种重型坦克，由于前者在战场上的成功，“虎王”的研发进度被放缓，直到 1943 年 1 月才真正开始设计，1944 年 1 月开始批量生产，1945 年 3 月停产。

“虎王”坦克原计划生产 1500 辆，但由于盟军对德国的战略轰炸，最终只生产了 492 辆。1944 年 5 月，“虎王”坦克在明斯克附近首次参战。同年 6 月 18 日，德军第 503 坦克营的两个“虎王”坦克连队还参与了诺曼底战役，但由于技术原因，这两个“虎王”坦克连队都遭受了毁灭性的打击。1944 年 8 月 12 日，“虎王”坦克投入东线作战，首战为第 501 独立装甲团参与的争夺苏联维斯图拉河上巴拉诺夫桥头堡之战。此后，“虎王”坦克和其他德国装甲车辆共同参加了阿登攻势。1945 年 4 月德国投降前夕，“虎王”坦克还与苏军在柏林东部西洛高地展开激战。由于生产数量较少，而且参战时间很短，“虎王”坦克并没有对二战的战争进程起到较大影响。

•武器构造

“虎王”坦克采用了两种新型炮塔，首批 50 辆安装保时捷公司设计的炮塔，之后的安装亨舍尔公司设计的炮塔。除了主炮外，“虎王”坦克还安装了 3 挺 MG34/MG42 型 7.92 毫米机枪，备弹 5850 发，用于本车防御和对空射击。除此之外，“虎王”坦克的车体和炮塔为钢装甲焊接结构，正面装甲的厚度比“虎”式坦克加强了很多，且防弹外形较好。

外展中的“虎王”坦克

“虎王”坦克采用 HL230P30 型 V 形 12 缸水冷汽油机，传动装置为奥尔瓦 401216B 型机械式变速箱，有 8 个前进挡和 4 个倒挡。行动装置包括双扭杆独立式弹簧悬挂装置和液力减振器，车体每侧有 9 个直径 800 毫米的负重轮，分为两排交错排列。主动轮在前，诱导轮在后。

•作战性能

“虎王”坦克有两种履带，即用于铁路运输的 660 毫米履带、800 毫米战斗履带。由于质量极大，且耗油量大，“虎王”坦克的机动性能较差，最大公路速度为 42 千米 / 小时。

前进中的“虎王”坦克

No. 48 德国“虎”式重型坦克

基本参数	
长度	6.32 米
宽度	3.56 米
高度	3.00 米
质量	54 吨
最大行程	195 千米
最大速度	45 千米 / 小时

“虎”式坦克是德国在二战期间研制的重型坦克，又称为六号坦克或“虎”Ⅰ，自 1942 年进入德国陆军服役至 1945 年投降为止。

•研发历史

1937 年，德国武器军备发展局提出了重型坦克的研发计划，并将具体性能要求发给了德国的奔驰公司、曼公司、亨舍尔公司和保时捷公司。1941 年，四家公司分别提交了各自的设计方案。然而，苏联 T-34 中型坦克的诞生宣告了这些设计方案的过时，于是德国又提高了新式重型坦克的设计标准。1942 年 4 月 19 日，经过比较测试，亨舍尔公司的基本架

德国士兵与“虎”式坦克

构被采用，但要换装保时捷的炮塔。同月，新式坦克定型并命名为“虎”式坦克。这个绰号由斐迪南·保时捷所取，他是德国著名的汽车工程师、保时捷汽车公司创始人、“虎”式坦克与甲壳虫汽车的设计者。

1942 年 8 月，“虎”式坦克开始批量生产，1944 年 8 月生产了 1355 辆后停产。开始时平均每月生产 25 辆，1944 年 4 月增长至每月生产 104 辆。“虎”式坦克的设计着重火力和装甲防护，而适度牺牲机动性。1942 年 9 月，“虎”式坦克在列宁格勒附近首次参战。该坦克火力强劲，超过 10 位以上的“虎”式坦克指挥官拥有击毁超过 100 辆各式盟军车辆的纪录，包括：约翰内斯·胞尔特（击毁 139 辆以上）、奥托·卡利乌斯（击毁 150 辆以上）、卡特（击毁 168 辆）和米歇尔·魏特曼（击毁 138 辆）等。

战争中的“虎”式坦克

•武器构造

“虎”式坦克的装甲采用焊接方式，外形设计极为精简，履带上方装有长盒形的侧裙。“虎”式坦克的薄弱地带在车顶，装甲厚度仅有 25 毫米（1944 年 3 月增加至 40 毫米）。

•作战性能

尽管为了增强装甲防护力和攻击力，“虎”式坦克适度牺牲了机动性能，但并没有差到不可接受的地步。与美国 M4“谢尔曼”中型坦克和苏联 T-34 中型坦克相比，“虎”式坦克的机动性确实逊色许多，但在同时期的重型坦克中，“虎”式坦克的机动性却名列前茅。由于“虎”式坦克的质量较大，通过桥梁非常困难，因此它被设计为可以涉水 4 米深，但入水前必须准备充分，炮塔和机枪要密封并且固定在前方，坦克后部需要升起大型呼吸管，整个准备过程需要 30 分钟左右。

二战中的“虎”式坦克

作战中的“虎”式坦克

No. 49 德国“鼠”式重型坦克

基本参数	
长度	10.2 米
宽度	3.71 米
高度	3.63 米
质量	188 吨
最大行程	160 千米
最大速度	20 千米 / 小时

“鼠”式坦克是德国在二战期间研制的超重型坦克，也称为八号坦克，一共有两辆原型车问世。该坦克的装甲相当厚实。车体前方35 度倾斜装甲厚达 220 毫米，加上倾斜角度后相当于380 毫米厚。车体正下方和炮塔顶部的装甲也有 120

淤泥中的“鼠”式坦克

毫米厚，车体两侧装甲厚 185 毫米，车体后部装甲厚 160 毫米。此外，“鼠”式坦克的炮塔上还安装了先进的火炮测距仪以及夜战设备等。

“鼠”式坦克的主要武器为 1 门 128 毫米 KwK44 L/L55 火炮，1 门 75 毫米 KwK44 L/36.5 同轴副炮。根据德军预测，128 毫米火炮不仅可以在 3500 米的距离击穿盟军“谢尔曼”坦克、“克伦威尔”坦克、“丘吉尔”坦克、T-34/85 坦克以及 IS-2 坦克的所有装甲，还能在 2000 米的距离击穿 M26“潘兴”坦克的所有装甲。其辅助武器是 2 挺 7.92 毫米 MG34 机枪，另外在炮塔两侧和后部还各有一个射击孔。

展览中的“鼠”式坦克

外展中的“鼠”式坦克

No. 50 法国 B1 重型坦克

基本参数	
长度	6.37 米
宽度	2.46 米
高度	2.79 米
质量	30 吨
最大行程	200 千米
最大速度	28 千米 / 小时

B1 坦克是法国陆军在二战前开发，用于支援步兵作战、攻坚突破的重型坦克。

•研发历史

1921 年，法国陆军技术部的艾司丁（J. E. Estienne）将军提出一种关于制造坦克的计划，最初的设计只有 15 吨重，装甲最大厚度也才 25 毫米，但装有一门 75 毫米火炮和一个配有两挺机枪的炮塔，且必须使用无线电进行战术协调。当时有四家公司竞标此计划，即海军冶金公司（FAMH）、地中海造船厂（FCM）、迪劳

B1 坦克前侧方视角

草坪上的 B1 坦克

内－贝利维尔公司和施奈德－雷诺公司。当时军方承诺会将各公司提交样车的中标部分进行组合匹配，以便制成最优良的坦克。1924 年 5 月总共提交了 5 辆样车，其中施奈德－雷诺公司提交了两台样车：SRA 和 SRB。

法国军方将 SRB 作为新坦克的基型车，其引擎、变速箱和转向装置得以保留，悬挂装置和驱动轮取自 FAMH 设计的样车，而履带则来自 FCM 的样车。1925 年 3 月，雷诺公司被选中作为主承包商，其他几家公司均作为提供劳务和零部件的分承包商。1926 年 1 月 17 日，雷诺公司获得了制造 3 辆原型车的合同，制造工作于 1929 年 1 月完成。1930 年和 1931 年进行的测试表明总体设计比较成功，之后又经过改良，最大装甲厚度和质量都有所上升。1934 年，新式坦克开始生产并定名为 B1 坦克。截至 1940 年 6 月 25 日法国沦陷为止，共生产约 420 辆。法国战败后，德军将其接收作为二线占领军用车及训练坦克，有少数改装为喷火坦克投入东线战事。此外，意大利和克罗地亚也少量采用。

•武器构造

最终型号的 B1 坦克配备 47 毫米及 75 毫米火炮各一门，正面装甲厚 40 ~ 60 毫米，战斗质量 30 吨。该坦克设计新颖，主炮塔关闭之后仍有相当良好的视野，车底设有紧急逃生门，传动系统也有装甲保护，堪称二战初期火力及防护力最强的坦克之一。

外展中的 B1 坦克

•作战性能

B1 坦克的质量使它在机动时显得十分笨重和迟缓，而且主炮塔的设计只能容纳车长一人，必须同时兼顾搜索、装填以及射击等任务，令车长负担太重。不过 B1 坦克有两名负责无线电的乘员，其中一名可以帮助装填炮弹，加快发射炮弹的速度，增加战场的主动性。B1 坦克车身战斗室的弹药架后方就是引擎所在，极易发生引擎被毁后诱爆弹药的惨剧。

准备出战的 B1 坦克

No. 51 法国 FCM-2C 重型坦克

基本参数	
长度	10.27
宽度	3.00 米
高度	4.09 米
质量	70 吨
最大行程	150 千米
最大速度	15/ 千米小时

FCM-2C 坦克侧方视角

1916 年 10 月，地中海冶金造船厂开始了超重型坦克的研制，并于1917 年 1 月提交了第一种原型车 1A。FCM-2C 坦克最初装备了 105 毫米火炮，重 40 吨。之后，在以攻击炮兵司令艾斯

战争中的 FCM-2C 坦克

蒂安为首的委员会的要求下，该坦克质量变成了 70 吨，并且由 75 毫米火炮替换了原有的 105 毫米火炮。

在武器方面，FCM-2C 坦克炮塔里装有 1 门火炮和 1 挺机枪，其中 75 毫米火炮是主要武器，装在前炮塔，该火炮为 1897 型，炮管缩短后装在 FCM 2C 坦克上。另外，FCM-2C 坦克的铁路运输是一件费时间而又复杂的工作，需要特殊的器材，而且要在宽敞的路段进行，但当该坦克各方面都得到完善时，一战即将结束，所以 FCM-2C 坦克并没有机会在一战战场上表现。

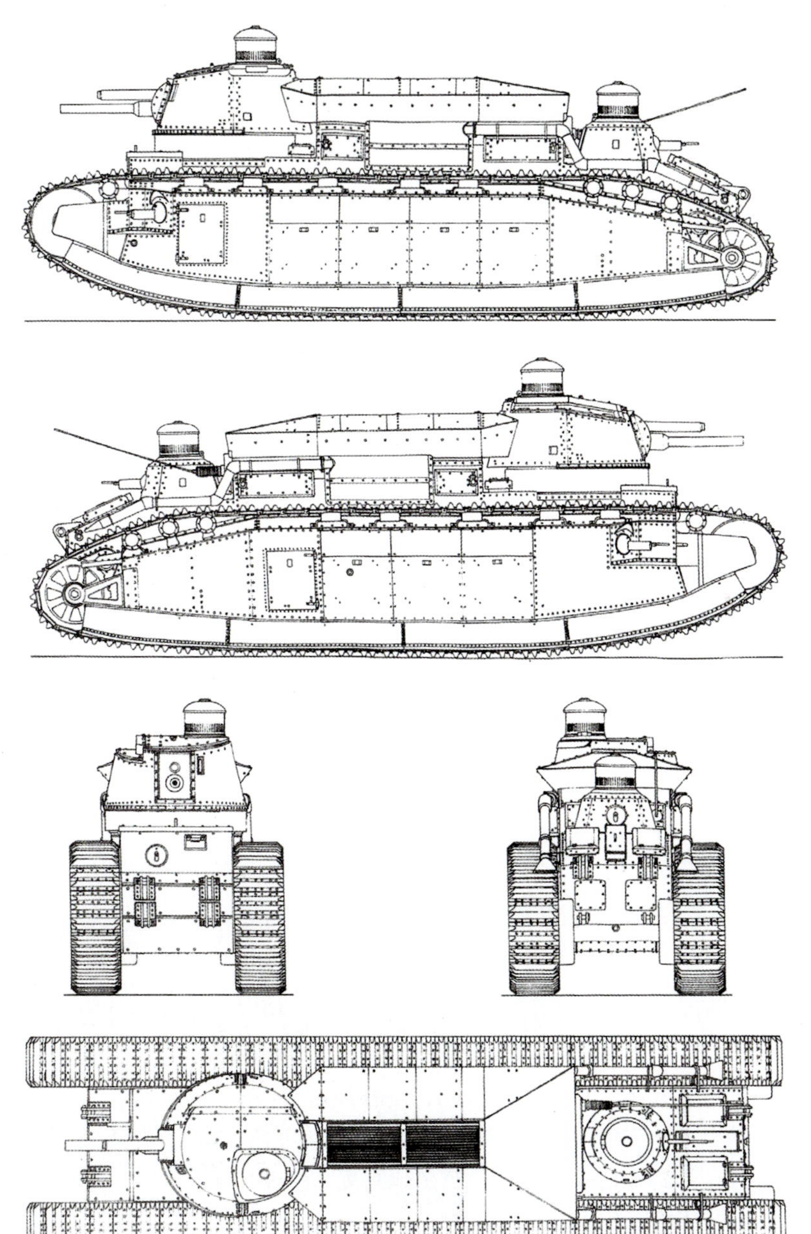

★ FCM-2C 坦 克结构图

No. 52 法国 ARL-44 重型坦克

基本参数	
长度	10.53 米
宽度	3.4 米
高度	3.2 米
质量	50 吨
最大行程	350 千米
最大速度	30 千米 / 小时

ARL-44 坦克是法国在二战时期开始研制的重型坦克，其设计工作直到二战结束后才完成。

•研发历史

1944 年底，法国成立了国防部和军械研制局，其中，军械研制局的重要任务就是研制出属于法国的重型坦克，这不仅仅是军事上的需要，也是法国政治上的需求，而且对于恢复法

博物馆中的 ARL-44 坦克

国的国际形象和内部国民信心都非常有帮助。所以在这种背景下，ARL-44 重型坦克应运而生，ARL 是生产公司名称，44 则代表立项年份，该坦克一共只生产了 60 辆，1953 年全部退役。

武器构造

ARL- 44 坦克的底盘非常长，且十分狭窄，它使用了一个十分过时的小型传动轮的悬挂，使用和 B1 坦克一样的履带。另外，ARL-44 坦克的突出特点是采用了压缩空气驱动的导向陀螺仪，在电启动马达失灵时也能够用空气压缩机启动发动机，并备有自封油箱、一体化的润滑系统。

保存至今的 ARL-44 坦克

作战性能

ARL-44 坦克的炮塔参考了 B1 坦克的设计，不仅能安装由高射炮改装的 90 毫米 DCA 火炮，还带有炮口制退器。

行驶中的 ARL- 44 坦克

No. 53 英国“丘吉尔”重型坦克

基本参数	
长度	7.40 米
宽度	3.30 米
高度	2.50 米
质量	38.5 吨
最大行程	90 千米
最大速度	24 千米 / 小时

“丘吉尔”重型坦克是英国最后一种步兵坦克，也是二战中英国生产数量最多的一种坦克。

•研发历史

1939 年 9 月，为取代“马蒂尔达”Ⅱ型步兵坦克，代号为 A20 的新型步兵坦克由哈兰德和沃尔夫公司开始设计，次年 6 月制造出 4 辆 A20 样车。此时正值英法军队在西欧大陆全面溃败，面对德军以坦克集群为主力的“闪电战”，A20 已难以胜任对抗德国新型坦克的任务。为此，当年 7 月沃尔斯豪尔

“丘吉尔”坦克前侧方视角

公司接受了研制 A22 步兵坦克的合同，并被要求一年内投入生产。

1941 年 6 月，首批生产型 A22 坦克共 14 辆交付英军，随即开始大批量生产，并被命名为“丘吉尔”坦克。各型“丘吉尔”坦克产量一共达到 5640 辆，是战时英国产量最大的一种坦克。“丘吉尔”坦克共有 18 种车型，其中主要的是Ⅰ～Ⅷ型。该系列坦克于 1941~1952 年在英军中服役，爱尔兰、印度和约旦等国家的军队也使用过这种坦克。

•武器构造

“丘吉尔”坦克型号十分繁杂，共有 18 种车型。其中主要的是“丘吉尔”Ⅰ～Ⅷ型，它们的战斗全重都接近 40 吨，乘员 5 人。车体内部由前至后分别为：驾驶室、战斗室、动力－传动舱。驾驶室中，右侧是驾驶员，左侧是副驾驶员（兼任前机枪手）。中部的战斗室内有 3 名乘员，左侧为车长和炮长（炮长在前，车长在后），右侧是装填手。车体后部的动力舱由隔板与战斗室隔开，发动机位于中央，两侧是散热器和燃油箱，最后部是变速箱和风扇。“丘吉尔”坦克最有特色的就是行动装置，它采用了小直径负重轮，每侧负重轮多达 11 个。

★“丘吉尔”坦克 3D 图

•作战性能

“丘吉尔”坦克的装甲防护能力非常好，Ⅰ～Ⅵ型的最大装甲厚度（炮塔正面）达到了 102 毫米，Ⅶ型和Ⅷ型的最大装甲厚度更增加到了 152 毫米。和所有的英国步兵坦克一样，“丘吉尔”坦克最大的弱点就是火力不足，依旧无法和“虎”式、“豹”式正面对抗。“丘吉尔”Ⅰ型的主要武器为一门 40 毫米火炮，此外在车体前部还装有一门 76.2 毫米的短身管榴弹炮。自Ⅱ型开始，均取消了车体前部的短身管榴弹炮，7.92 毫米机枪。Ⅲ型采用了焊接炮塔，其主炮换为 57 毫米加农炮，大大提高了坦克火力。Ⅳ型仍采用 57 毫米火炮，但又改为铸造炮塔。Ⅵ型和Ⅶ型都采用了 75 毫米火炮，均于 1943 年提供给英国陆军使用。Ⅴ型和Ⅷ型则采用了短身管的 95 毫米榴弹炮，专门用于提供对步兵的火力支援。

快速行驶的“丘吉尔”坦克

No. 54 英国“土龟”重型坦克

基本参数	
长度	10.00 米
宽度	3.90 米
高度	3.00 米
质量	79 吨
最大行程	140 千米
最大速度	19 千米 / 小时

前进中的“土龟”坦克

“土龟”坦克是英国在二战末期研制的超重型坦克。该坦克至二战结束时只生产了 6 辆，其中 1 辆送至德国给驻莱茵河英军进行测试，虽然火力强大，但因为太重，不适合战场上需要的高度机动性而没有量产。其发展目的是为突破战场上的坚固防护地区，在设计上强调装甲防护。

“土龟”坦克采用固定炮塔，外形与德国的突击炮相似，所发射的是弹体与发射药分装的分离式弹药，搭配被帽穿甲弹的 14.5 千克炮弹，在测试时发现可在 900 米距离击穿德军的“豹”式中型坦克。

该坦克一共有 7 名乘员，即车长、炮手以及驾驶员各 1 名，机枪手和装填手各 2 名。为了抵挡德军的 88 毫米火炮，“土龟”坦克的正面装甲厚达 228 毫米，炮盾装甲也有所强化。当然，这也导致该坦克重达 79 吨，而它搭载的劳斯莱斯 V12 汽油发动机的功率却只有 450 千瓦，因此行驶速度极低，且难以运送。

No. 55 英国“征服者”重型坦克

基本参数	
长度	7.72 米
宽度	3.99 米
高度	3.18 米
质量	64 吨
最大行程	161 千米
最大速度	35 千米 / 小时

展览中的“征服者”坦克

“征服者”重型坦克有Ⅰ型和Ⅱ型两种型号，它们在外观上差别不大，不同之处主要在于：Ⅰ型在炮管中部有圆状的配重，而Ⅱ型在其外面又加装了炮膛抽烟装置；Ⅰ型在驾驶员面前有3个潜望镜，而Ⅱ型则有1个广角的潜望镜；且Ⅱ型在炮塔后部还加装了储物筐。

“征服者”坦克的主要武器为1门120毫米L1A1或L1A2线膛炮，身管长为55倍口径。弹药为分装式，弹种有脱壳穿甲弹、碎甲弹两种。炮弹的弹药基数为35发，火炮的俯仰角度为－7度～+15度，火炮的俯仰和炮塔转动采用电动操纵，必要时也可用手动操纵液压马达来实现。其中该坦克的辅助武器为2挺7.62毫米机枪，1挺是同轴机枪，位于火炮的右侧；另一挺是高射机枪，位于车长指挥塔左侧，可在车内操纵射击。

No. 56 苏联 KV-1 重型坦克

基本参数	
长度	6.75 米
宽度	3.32 米
高度	2.71 米
质量	45 吨
最大行程	335 千米
最大速度	35 千米 / 小时

KV-1 坦克是苏联 KV 系列重型坦克的第一种型号，以苏联国防人民委员会委员克里门特 · 伏罗希洛夫元帅的名字命名。该坦克以装甲厚重而闻名，是苏联红军在二战初期的重要装备。

•研发历史

KV-1 重型坦克于 1939 年 2 月开始研制，同年 4 月，苏联国防委员会批准了该坦克的样车定型。1940 年 2 月，位于列宁格勒的基洛夫工厂开始批量生产 KV-1 坦克，当年生产了 243 辆。同年，苏军一个装备 KV-1 坦克的坦克排参加了突破芬兰主要阵地的战斗，在战斗中，没有一辆 KV-1 坦克被击穿。在 1941 年苏德战争爆发前，苏联的 22000 辆坦克中约有

KV-1 坦克前方视角

500 辆 KV-1 坦克服役。苏德战争初期，德军使用的反坦克炮、坦克炮都无法击毁 KV-1 坦克 90 毫米厚的炮塔前部装甲（后期厚度还提升至 120 毫米），对德军震慑力较强。

随着 KV-1 坦克在战场上屡建奇功，苏联相继研发了它的改良版：KV-2、KV-85 和诸多衍生型。1941 年 9 月，迫于前线形势，基洛夫工厂迁往位于乌拉尔山脉的车里雅宾斯克，与当地的拖拉机厂等工厂合并为一个规模宏大的坦克制造厂，人们称为“坦克城”。在整个卫国战争期间，“坦克城”一共生产了 13500 辆 KV 系列坦克和自行火炮。到了后期，由于装甲的强化，质量也成为 KV 系列坦克的主要缺点。由于机动性较差，火炮威力也显得不足，KV 系列坦克在战争后期逐渐被 IS 系列坦克所取代。

•武器构造

KV-1 坦克的早期型号装备 76 毫米 L-11 火炮，装甲厚达 75 毫米。车身前面原本没有架设机枪，仅有手枪口，但在生产型上加装了 3 挺 DT 重机枪。后期型号的主炮改为 76 毫米 F-32 坦克炮，装甲提升至 90 毫米，炮塔更换为新型炮塔。

KV-1 坦克侧面视角

士兵与 KV-1 坦克

•作战性能

KV-1 坦克使用 12 气缸 V-2 柴油发动机，最大速度可达 35 千米 / 小时。由于装甲的强化，质量成为 KV-1 坦克的主要缺点，虽然不断更换离合器、新型的炮塔、较长的炮管，并将部分焊接装甲改成铸造式，但它的可靠性还是不如 T-34 中型坦克。苏联因此开始开发新型的重型坦克——IS 系列坦克，用以取代 KV 系列。

准备出战的 KV-1 坦克

No. 57 苏联 KV-2 重型坦克

基本参数	
长度	6.95 米
宽度	3.32 米
高度	3.25 米
质量	52 吨
最大行程	140 千米
最大速度	28 千米 / 小时

KV-2 坦克是苏联 KV 系列重型坦克的第二种型号，自 1940 年一直服役到二战结束。

•研发历史

1939 年，苏联与芬兰之间爆发了冬季战争，苏军在突破曼纳海姆防线的行动中处于劣势，所以对坦克协助支援的需求也越来越大，因此，以 KV-1 坦克为主体、搭载 152 毫米榴弹炮和新式旋转炮塔的 KV-2 坦克应运而生，其主要用来进行阵地突破。

游行中的 KV-2 坦克

苏联于 1939 年 12 月提出 KV-2 坦克的研发需求，1940 年 1 月末完成了试验车，1940 年 2 月又完成了 2 辆试验车并立刻被送往战线，由于该坦克在实战中表现出色，被苏军采用。

●武器构造

KV-2 坦克的试验车采用平面装甲板和七角形炮塔，之后为了大量生产而改为六角形炮塔。该坦克的装甲较厚，其炮塔前装甲厚 110 毫米，侧面厚 75 毫米。与 KV-1 坦克相比，KV-2 坦克的质量急剧增加，其动力装置依旧采用未经改进的 373 千瓦 V-2 柴油发动机。

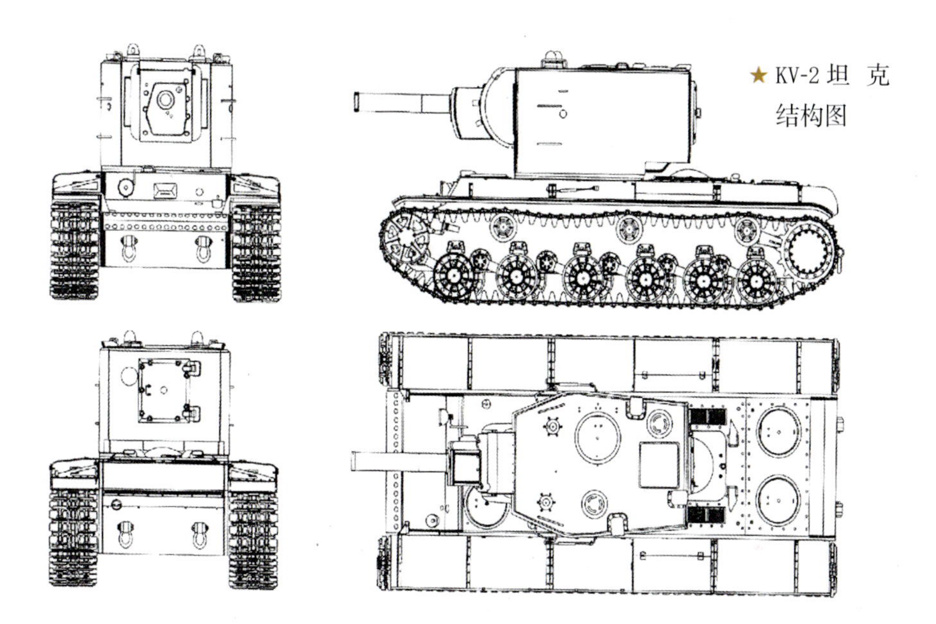

★ KV-2 坦克结构图

●作战性能

KV-2 坦克被德军称为“巨人”，当时除了 88 毫米高射炮外，几乎没有任何武器能成功摧毁它。此外，该坦克的主要武器是 1 门 152 毫米 M-10 榴弹炮，备弹 36 发。辅助武器为 2 挺 DT 重机枪，备弹 3087 发。KV-2 坦克有 6 名乘员，其中包括坦克指挥员、火炮指挥员、装填手、炮手、驾驶员以及无线电手，由于需要装填手装填分离式弹药，所以该火炮射击速度较慢。

炮火中的 KV-2 坦克

士兵与 KV-2 坦克合影

No. 58 苏联 KV-85 重型坦克

基本参数	
长度	8.49 米
宽度	3.25 米
高度	2.80 米
质量	46 吨
最大行程	250 千米
最大速度	40 千米 / 小时

•研发历史

1943 年，在研制各种新型自行火炮的同时，苏联设计师们还完成了一项更加长远的计划，那便是研发出新一代的重型坦克，其目的是为了取代日益老化的 KV-1 重型坦克。1943 年初，苏联制造了 21 辆重型坦克样车，但好景不长，由于 KV-1 坦克机动性差，受到了苏军的排斥，便一度决定取消重型坦克的生产。但是前

行驶中的 KV-85 坦克

线却迫切需要重型坦克来对付德军新研制的坦克，所以苏军下定决心研制 KV-85 重型坦克，该坦克是苏联 KV 系列重型坦克的第三种型号，仅仅生产了两个月，产量为 143 辆。

KV-85 坦克前侧方视角

•武器构造

KV-85 坦克沿用 KV-1S 重型坦克的底盘，配备了专为 85 毫米 D-5T 坦克炮研发的新型铸造炮塔，备弹 70 发，辅助武器方面，KV-85 坦克安装了 3 挺 7.62 毫米 DT 重机枪。

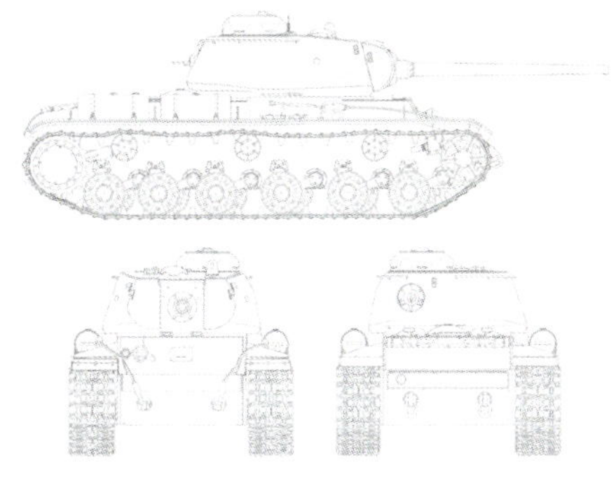
★ KV-85 坦克结构图

★ KV-85 坦克侧面特写

•作战性能

该炮塔前装甲厚达 100 毫米，而且容积较大，拥有车长指挥塔，利于提高作战效率。此外，KV-85 坦克的动力装置为 V-2 柴油发动机，燃油量为 975 升，该坦克作为 IS 系列重型坦克投产前的过渡产品，在技术积累上做出了较大贡献。

前进中的 KV-85 坦克

No. 59 苏联 T-10 重型坦克

基本参数	
长度	9.87 米
宽度	3.56 米
高度	2.43 米
质量	52 吨
最大行程	250 千米
最大速度	42 千米 / 小时

T-10 坦克是苏联在冷战时期研制的重型坦克，也是 KV 系列坦克与 IS 系列坦克系列最终发展而成的坦克。

•研发历史

1948 底，苏军装甲坦克兵总局要求研制一种质量不超过 50 吨的重型坦克。设计小组在吸取了 IS-6 重型坦克失败的惨痛教训后，决定在新坦克上尽可能采用现有成熟技术来减少设计难度和风险。新坦克以 IS-3 重型坦克为蓝本，由于设计难度不大，设计小组很快便组装了一个 1 ： 1 的木制原型车模型。

展览中的 T-10 坦克

T-10 坦克前方视角

1949 年，外形比较保守的 730 工程样车诞生。在经过试验后，730 工程以 IS-8 的编号进行试生产，前提条件是必须对其进行更深入的改进和完善。在等待定型的漫长过程中，IS-8 又先后更名为 IS-9、IS-10 和 T-10，直到 1954 年，T-10 坦克才正式投入生产。

•武器构造

T-10 坦克采用传统式布局，从前到后依次为驾驶室、战斗室和动力室。车体侧面布置有工具箱和乘员物品箱，带有两条钢缆绳，没有侧裙板。车尾下装甲板上带有两块备用履带板，尾部翼子板上方布置有燃油箱。除此之外，T-10 坦克的主要武器为 1 门 122 毫米 D-25TA 坦克炮，火炮有一个双气室冲击式炮口制退器，没有稳定器。

外展中的 T-10 坦克

•作战性能

T-10 坦克的主要作用是为 T-54/55 主战坦克提供远距火力支援和充当阵地突破坦克，与此同时，该坦克的装甲防护性能极为优良，炮塔和车体的装甲倾角都很大。

T-10 坦克编队展出

No. 60 苏联 T-35 重型坦克

基本参数	
长度	9.72 米
宽度	3.20 米
高度	3.43 米
质量	45 吨
最大行程	150 千米
最大速度	30 千米 / 小时

T-35 坦克是世界上唯一量产的五炮塔重型坦克，也是当时世界上最大的坦克。该坦克有 5 个独立的炮塔（含机枪塔），分两层排列。主炮塔是最顶层的中央炮塔，装 1 门 76 毫米榴弹炮，携弹 90 发，下面一层有 4 个炮塔和机枪塔，两个小炮塔位于主炮塔的右前方和左后方，两个机枪塔位于左前方和右后方，两个小炮塔上各装有 1 门 45 毫米坦克炮和 1 挺 7.62 毫米机枪。

虽然 T-35 坦克的武器较多，但无法有效发挥作用。除此之外，装甲防护和机动性也差强人意，既无法摧毁敌军的新型坦克，又承受不住反坦克武器的攻击。不仅如此，T-35 坦克的体积较大，在战场上很容易遭到敌军的攻击，而且车体内部又极为狭窄，隔间较多。

展览中的 T-35 坦克

No. 61 苏联 IS-2 重型坦克

基本参数	
长度	9.90 米
宽度	3.09 米
高度	2.73 米
质量	45.8 吨
最大行程	240 千米
最大速度	37 千米 / 小时

IS-2 重型坦克是苏联 IS 系列坦克中最著名的型号，以苏联武装力量最高统帅约瑟夫 · 斯大林的名字命名。该坦克和 T-34/85 中型坦克构成了二战后期苏联坦克的中坚力量。

● 研发历史

二战后期，苏联获悉德国新型“虎”式坦克的存在后，在 KV-85 重型坦克的设计经验的基础上，由 SKB-2 设计局（当时位于车里雅宾斯克基洛夫工厂）开发出一种拥有强大火力和厚重装甲的新式重型坦克，战争期间共发展了 3 个型号：IS-1、IS-2、IS-3。1943 年秋，第一批 IS-1 坦克样车出厂。同年 10 月 31 日，换装 122 毫米炮的改进型被批准定型，并命名为 IS-2 坦克。

战争中的 IS-2 坦克

IS-2 坦克是 IS 家族中最享有盛名的型号，在苏联卫国战争中立下了汗马功劳。IS-2 坦克的质量和德国“豹”式中型坦克（44 吨）是一个级别的，但是整体性能却和更重的“虎”式相当，火力更凌驾于“虎”式之上。为了对付苏军这种重型坦克，德国于 1944 年又研制出火力更猛，装甲防护力更强，也更难以维护的“虎王”重型坦克。

•武器构造

IS-2 坦克的炮塔和车体分别采用整体铸造和轧钢焊接结构，车内由前至后分为驾驶部分、战斗部分和动力 - 传动部分。该车配有 4 名乘员，驾驶员位于车体前部中央，其前方的上部甲板上开有观察孔。有的坦克上设有开关驾驶窗，但只能供驾驶员观察，不能由此出入。驾驶员上下坦克时必须经过炮塔门或车底安全门。车长和炮长位于炮塔内左侧，炮长在车长前下方，可使车长获得更好的视野。车长指挥塔为固定式，呈圆柱形，周围有 6 个观察镜，顶部有 1 扇舱门。装填手在炮塔内右侧，该侧有 1 个潜望镜和单独的舱门。

此外，该坦克的传动装置由机械式手操纵变速箱、二级行星转向机构及侧减速器等组成。变速箱为横轴式，有高、低速挡位。每个挡位又各有 4 个前进挡和 1 个倒挡，因而该变速箱共有 8 个前进挡和 2 个倒挡，有较大的变速范围，从而有利于提高坦克的平均行驶速度。

外展中的 IS-2 坦克

•作战性能

IS-2 坦克的主炮可发射曳光穿甲弹，弹丸重 25 千克，初速度为 781 米 / 秒，根据二战后美国的测试，在 100 米距离上穿甲厚度为 201 毫米，在 500 米距离上可以击穿 183 毫米厚的装甲。杀伤爆破榴弹的弹丸重 24.94 千克，最大射程 14600 米。

雪地中的 IS-2 坦克

快速行驶中的 IS-2 坦克

No. 62 苏联 IS-3 重型坦克

基本参数	
长度	9.85 米
宽度	3.15 米
高度	2.45 米
质量	46.5 吨
最大行程	150 千米
最大速度	37 千米 / 小时

1944 年 7 月，德国“虎王”坦克首次参战后，苏联立刻开始研制更强的重型坦克，IS-3 坦克充分吸收了苏联 T-34 中型坦克的装甲原理。1945 年 1 月，IS-3 坦克开始批量生产，一直持续到 1946 年，总产量约 2300 辆。该坦克有 4 名乘员，分别为车长、炮长、装填手以及驾驶员。车体从前到后依次为驾驶室、战斗室和动力室。值得一提的是，IS-3 坦克的防护力极强，尤其是侧后防护，由外层的 30 毫米厚 30 度外倾装甲、内侧上段 90 毫米厚 60 度内倾装甲及下段 90 毫米厚垂直装甲组成。但是 IS-3 坦克没有炮塔吊篮，装填手站在地板上不能随炮塔转动，所以操作十分吃力，比较容易疲劳，且不利于连续作战。

在武器装备上，IS-3 坦克与 IS-2 坦克完全一样，都是 1 门 122 毫米 D-25T 坦克炮，辅助武器为 1 挺安装在装填手舱门处环形枪架上的 12.7 毫米高射机枪，备弹 250 发；1 挺 7.62 毫米同轴机枪，备弹 756 发。然而，IS-3 坦克的不足之处在于焊缝开裂、发动机以及传送系统不可靠、防弹外形导致内部空间非常狭窄等。

保存至今的 IS-3 坦克

No. 63 意大利 P-40 重型坦克

基本参数	
长度	5.80 米
宽度	2.80 米
高度	2.50 米
质量	26 吨
最大行程	280 千米
最大速度	40 千米 / 小时

P-40 坦克是二战中意大利生产的最为重型的坦克，尽管意军将其归类为重型坦克，但按其他国家的吨位标准只能算是中型坦克。

• 研发历史

P-40 坦克设计于 1940 年，意大利官方将其称为“Carro Armato P26/40”，其中“Carro Armato”意为装甲坦克；P 指的是意大利语的“重（Pesante）”；26 和 40 则分别代表质量（吨）和设计通过的年份（1940 年）。虽然意大利军方下了 1000 辆的订单订购 P-40，但由于意大利不断受到盟军轰炸，位于都灵的引擎制造

P-40 坦克前侧方视角

厂也损失惨重，因此直到意大利1943年9月投降时也仅有21辆完成生产。之后意大利被德军占领，P-40坦克也改由德军生产使用，但产量也很低。

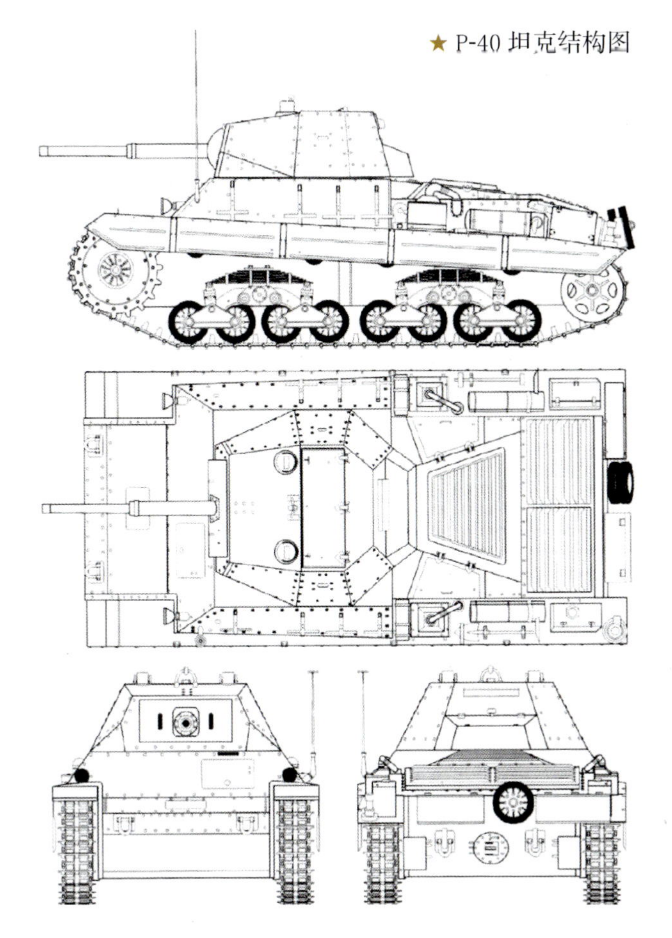

★ P-40坦克结构图

●武器构造

P-40坦克的设计最初类似于M11/39坦克，但拥有更强的火力与装甲。意军在东线遭遇苏联T-34坦克后，设计思想发生了较大变化。P-40坦克采用避弹性佳的斜面装甲，并加强了火炮，即换装75毫米34倍径火炮。该炮仅有65发弹药，而T-34和M4A1“谢尔曼”坦克则各有77发及90发。P-40坦克的机枪也与M系列坦克不同，数量大幅减少。P-40坦克最初设计要搭载3挺机枪，但1挺前部机枪被移除，变成在双炮塔上架设。机枪备弹量仅有600发，低于M系列坦克的3000发和二战中大多数坦克。

●作战性能

P-40坦克的设计就当时标准来说比较新式，但缺乏几个现代特点，如焊接、可靠的悬挂装置和保护车长的顶盖等。虽然P-40存在着缺点，但它仍是二战中期意大利唯一能与德军与盟军坦克相媲美的。

游行中的P-40坦克

第 5 章

主战坦克

主战坦克是能对敌军进行积极、正面攻击的坦克，其火力和装甲防护力达到或超过以往重型坦克的水平。主战坦克主要用于与敌方坦克和其他装甲车辆作战，也可以摧毁反坦克武器和野战工事，歼灭有生力量。

No. 64 美国M1“艾布拉姆斯”主战坦克

基本参数	
长度	7.93米
宽度	3.66米
高度	2.44米
质量	65吨
最大行程	426千米
最大速度	67千米/小时

M1“艾布拉姆斯”主战坦克由美国克莱斯勒汽车公司防务部门研制，目前是美国陆军和海军陆战队主要的主战坦克。

●研发历史

M1坦克的研制源于20世纪60年代美国和联邦德国的MBT-70坦克研制计划，MBT-70计划“流产”后，美国克莱斯勒公司和通用公司便以MBT-70计划积累的技术进行研发。原型车于1976年制造完成，在经过3年的测试后开始量产，并于

M1坦克正面视角

1980 年装备美国陆军，之后逐渐对该坦克进行改进，诞生了 M1A1、M1A2 等型号。

M1 主战坦克自诞生以来参与了多次局部战争和武装冲突，包括 1991 年的海湾战争和 2003 年的伊拉克战争等。在 1991 年的海湾战争中，M1 坦克仅损失十多辆，而且其中半数被认为是友军误伤。在伊拉克战争中损失的 M1 主要为侧面或履带被破坏失去行动能力，是由友军击毁的。2010 年，美军首次将 M1 主战坦克派遣至阿富汗。

●武器构造

M1 主战坦克的辅助武器为 1 挺 12.7 毫米机枪和 2 挺 7.62 毫米并列机枪，其中 12.7 毫米机枪安装于电动旋转平台上，既可手动操作，也可电动操作，但 M1A2 之后的型号则只能手动操作。此外，炮塔两侧还装有八联装 L8A1 烟雾榴弹发射器。

作战中的 M1 坦克

M1 主战坦克的车体和炮塔都使用了性能先进的钢装甲包裹贫铀装甲的复合式装甲，可有效对付反坦克武器。M1 系列主战坦克的发动机为 AGT-1500 燃气轮机，输出功率为 1103 千瓦。发动机进气口在车体顶部，排气口在车体的尾部。传动装置为底特律柴油机公司生产的 X-11002B 全自动传动装置，由行星变速装置、液力变矩器、液压马达、液压泵和液压制动器等部件组成。

●作战性能

M256 主炮可发射多种弹药，包括 M829A2 尾翼稳定贫铀合金脱壳穿甲弹和 M830 破甲弹。M829A2 穿甲弹在 1000 米距离上可穿透 780 毫米厚的装甲，在 3000 米距离上的穿甲厚度约为 750 毫米。

M1 坦克正在开火

此外，M1 主战坦克还安装了集体式三防系统，具备核生化环境下的作战能力。在海湾战争中，M1A1 主战坦克可以在对方目视范围内与伊拉克坦克交火，即便被伊拉克坦克击中也不容易被摧毁，甚至没有一辆美军坦克被伊拉克坦克正面火力击穿。

No. 65 美国 M60“巴顿”主战坦克

基本参数	
长度	6.95 米
宽度	3.63 米
高度	3.21 米
质量	46 吨
最大行程	480 千米
最大速度	48 千米 / 小时

M60“巴顿”主战坦克是美国陆军第四代也是最后一代的“巴顿”系列坦克，一直服役到 20 世纪 90 年代初才从美国退役，目前仍有大量 M60 在其他国家服役。

•研发历史

20 世纪 50 年代末，苏联生产的装备有 100 毫米火炮的 T-54 中型坦克陆续进入华约国家陆军中服役。为了对抗这些坦克，美国于 1956 年开始以 M48A2 坦克为基础研制新一代坦克，代号为 XM60。1957 年夏季，在 M48A2E1 坦克上安装 AVDS-1790-2 柴油机而生产的 3 辆 XM60 原

草坪上的 M60 坦克

型车开始测试。随后美军于 1958 年 10 ~ 11 月进行了坦克武器选型试验。试验中，英国研制的 L7 式 105 毫米线膛坦克炮的表现令美军十分满意。随后，由 L7A1 式 105 毫米线膛坦克炮身管和美国 T254EI 炮尾组合而成的 M68 式 105 毫米线膛坦克炮被选中成为 XM60 的主要武器。XM60 原型车在尤马试验场、丘吉尔堡、诺克斯堡和埃尔金空军基地进行全面测试后，于 1959 年 3 月正式定型为 M60“巴顿”坦克。

•武器构造

M60 系列坦克是传统的炮塔型主战坦克，分为车体和炮塔两部分。M60A1 车体用铸造部件和锻造车底板焊接而成，分为前部驾驶舱、中部战斗舱和后部动力舱 3 个舱，动力舱和战斗舱用防火隔板分开。驾驶员位于车前中央，驾驶舱有单扇舱盖。驾驶员前面装有 3 个 M27 前视潜望镜，舱盖中央支架上可装 1 个 M24 主动红外潜望镜用于夜间驾驶，后来 M24 潜望镜被换成 AN/VVS-2 微光潜望镜。在驾驶舱底板上开有安全门。

前进中的 M60 坦克

M60 坦克的正面装甲防护厚度约为 150 毫米，并配有个人三防装置，每个乘员均配有防护面具。此外，在该坦克的动力舱内还安装有二氧化碳灭火系统。

•作战性能

M60 系列的 M60、M60A1、M60A3 型号使用的是 1 门 105 毫米线膛炮，该炮采用液压操纵，并配有炮管抽气装置，最大射速可达 6 ~ 8 发 / 分。可使用脱壳穿甲弹、榴弹、破甲弹、碎甲弹和发烟弹在内的多重弹药，全车载弹 63 发。

M60 坦克的初级型号安装的是 AVDS-1790-2 V12 气冷式双涡轮柴油发动机，可用多种燃料，并使用 CD-850-6 十字驱动传动装置，扭杆悬挂，最大行驶速度为 48 千米 / 小时，最大行程为 480 千米。

M60 坦克后方视角

No. 66 美国 M46“巴顿”主战坦克

基本参数	
长度	8.48 米
宽度	3.51 米
高度	3.18 米
质量	44 吨
最大行程	130 千米
最大速度	48.5 千米 / 小时

M46“巴顿”主战坦克是二战后美国研制的第一种坦克，也是第一代“巴顿”系列的坦克。

●研发历史

二战之后，美国陆军大多数装甲部队皆混合操作 M4“谢尔曼”坦克与 M26“潘兴”坦克。虽然 M26“潘兴”坦克的火力与防护力比 M4“谢尔曼”坦克更强，但由于它的原始设计为重型坦克，并使用与 M4A3“谢尔曼”相同的引擎，因此它的机动力无法满足战后中型坦克的需求。

M46 坦克下方视角

1948 年 1 月开始，美国以大陆机械的 AV1790-3 引擎与艾利生公司的 CD-850-1 变速系统更换 M26“潘兴”坦克原本使用的引擎与变速箱，并将更换新式引擎的车辆称为 M26E2。由于后续的改良工程不断增加，美国军械局决定采用一个新的战车编号来称呼这种改良后的坦克。当 1949 年 11 月正式开始 M26 的翻新工程时，升级版的 M26 不但配有全新的动力系统与装有排烟器的主炮，并被重新命名为 M46“巴顿”坦克。美军一共翻新了 1160 辆 M26 坦克，其中 800 辆翻新为 M46 标准，另外 360 辆则翻新为 M46A1 标准。

•武器构造

M46 坦克的行动装置与 M26 坦克的基本相同，在主动轮和后负重轮之间装有 1 个履带张紧轮。另外，在前负重轮处增加了 2 个减振器。然而两者的主要区别是火炮、发动机和传动装置不同。M46 坦克的火炮是一门 M3A1 型 90 毫米加农炮，带有引射排烟装置，但取消了火炮稳定器。

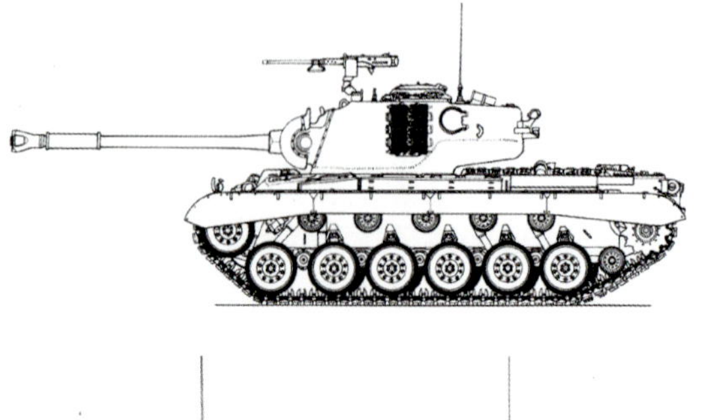

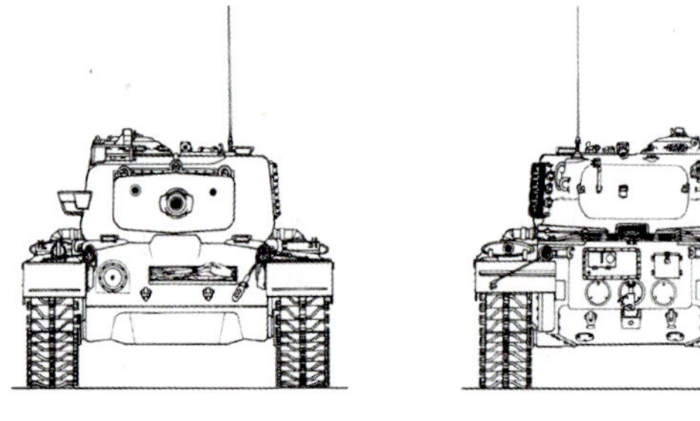

M46 坦克模型图

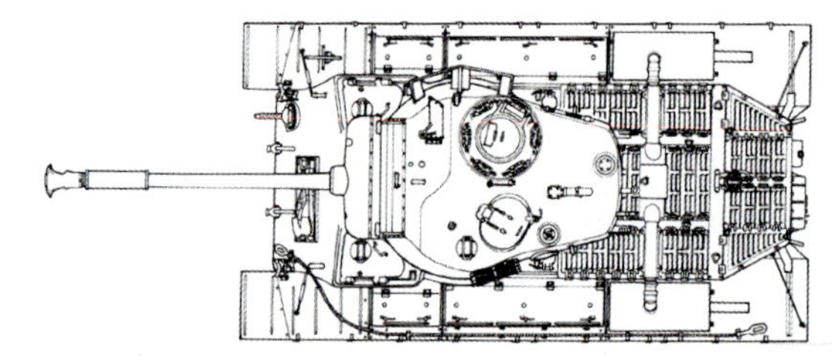

★ M46 坦克结构图

•作战性能

M46 坦克的传动装置为阿里逊 CD-850-4 型液力机械传动装置，由于采用了液力变矩器和双功率流转向机构，使坦克起步平稳，加速性能好，操纵轻便。操纵装置是单杆式的，无论变速或转向，均使用 1 根操纵杆，同时操纵装置是复式的，驾驶员或其助手均可操纵。

二战中的 M46 坦克

No. 67 美国 M47“巴顿”主战坦克

基本参数	
长度	8.51 米
宽度	3.51 米
高度	3.35 米
质量	44.1 吨
最大行程	160 千米
最大速度	60 千米 / 小时

M47“巴顿”主战坦克是美国陆军第二代的“巴顿”系列坦克，它是根据 M46 在一些局部战争中的实战经验而得出的改良型。

•研发历史

由于 M46“巴顿”坦克在一些战争中不能有效地对付苏制 T-34/85 中型坦克和 IS-2 重型坦克，美军便推出了更具威力的 90 毫米 M36 坦克炮。为了容纳这种坦克炮，美军将 M46 坦克的车体前部装甲进行了改进，改善了前装甲倾角，取消了驾驶员和机枪手间的风扇壳体，从而产生了 M47“巴顿”坦克。当时 M47 还存在测距

黑色涂装的 M47 坦克

仪性能不可靠等许多问题，因此边生产边修改，进度非常缓慢。M47 于 1952 年开始装备美国陆军和海军陆战队，但到全面使用时冲突已经结束，美军自己使用 M47 也不长久，不久又被 M48“巴顿”坦克取代，故而 M47 大多外销其他国家。

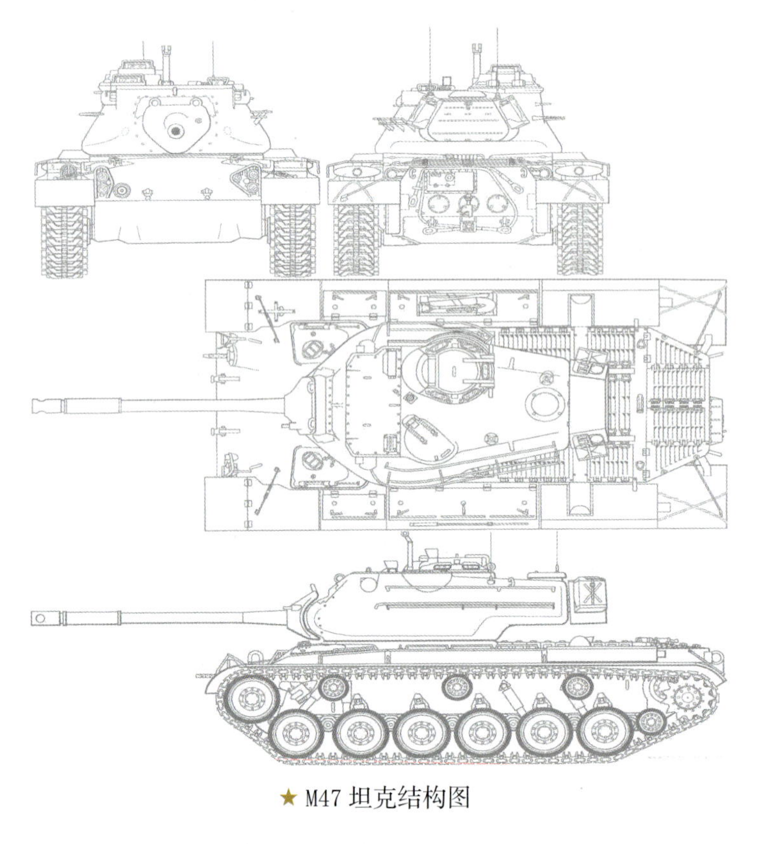

★ M47 坦克结构图

•武器构造

M47“巴顿”坦克是传统的炮塔型坦克，由车体和炮塔两部分组成。车体由装甲钢板和铸造装甲部件焊接而成，并带有加强筋，前部是驾驶舱，中部是战斗舱，后部是动力舱（发动机和传动装置）。驾驶员位于坦克左前方，其舱口盖上装有 1 个 M13 潜望镜，机枪手在驾驶员右侧，两人共用 1 个安全门和 1 个出入舱口。铸造炮塔位于车体中央，车长和炮长位于炮塔内火炮右侧，装填手在左侧，炮塔内后顶部装有带圆顶罩的通气风扇，装填手舱盖前部装有 1 个 M13 潜望镜。部分 M47 坦克装有 M6 推土铲。

•作战性能

外展中的 M47 坦克

M47“巴顿”坦克的主要武器是 1 门 M36 式 90 毫米火炮，该火炮采用立楔式炮闩，炮口装有 T 形或圆筒形消焰器，有炮管抽气装置，M78 型炮架由防盾和液压同心式反后坐装置组成。炮塔可 360 度旋转，火炮俯仰范围是 -5 度~ +19 度，有效反坦克射程是 2000 米，能发射穿甲弹、榴弹、教练弹和烟幕弹等多种炮弹，炮管寿命是 700 发。车载 71 发炮弹，其中 11 发装在炮塔尾舱内待用。

No. 68 美国 M48“巴顿”主战坦克

基本参数	
长度	9.30 米
宽度	3.65 米
高度	3.10 米
质量	45 吨
最大行程	499 千米
最大速度	48 千米 / 小时

M48“巴顿”主战坦克是美国陆军第三代的“巴顿”系列坦克，在冷战时期主要当作中型坦克使用。虽然该坦克在美军中随着M60“巴顿”坦克的推出逐渐被取代，但其改进型仍然在美国的一些盟国中使用。

•研发历史

在生产 M47“巴顿”坦克的同时，底特律坦克厂于 1950 年 10 月开始研制新的搭载 90 毫米火炮的坦克，同年 12 月美国陆军正式要求克莱斯勒公司研制新型 T48 坦克并制造 6 辆样车，翌年 12 月完成首辆样车。因一些战争中苏制 T-34 坦克的威胁，1951 年 3 月美国陆军在 6 辆样车测试评估工作

外展中的 M48 坦克

未完成之前就签订了总数超过 1300 辆的 T48 生产合同。第一辆生产型车于 1952 年 4 月在克莱斯勒公司的特拉华坦克厂制成，并正式命名为 M48“巴顿”坦克。从研制到生产不到两年时间，出现的问题很多，随后又不得不专门设立改装厂来修理 M48 坦克。

在美国，部分 M48A5 坦克一直服役至 20 世纪 80 年代，而至今在其他国家中 M48“巴顿”坦克系列甚至仍持续用于战备。

•武器构造

M48“巴顿”坦克采用整体铸造炮塔和车体，车体前部是船形的，内有焊接加强筋，车体底甲板上有安全门。车体分为前部驾驶舱、中部战斗舱和尾部动力舱，动力舱和战斗舱之间用隔板分开。驾驶员位于车体前部中央，舱盖前部装有 3 个 M27 潜望镜，在驾驶员舱口转台上装有 1 个制式 M24 夜间驾驶双目红外潜望镜。车上有 4 个红外车灯，视距 200 米，大多数车型还在主炮上方安装了红外 / 白光探照灯，最大照射距离是 2000 米。

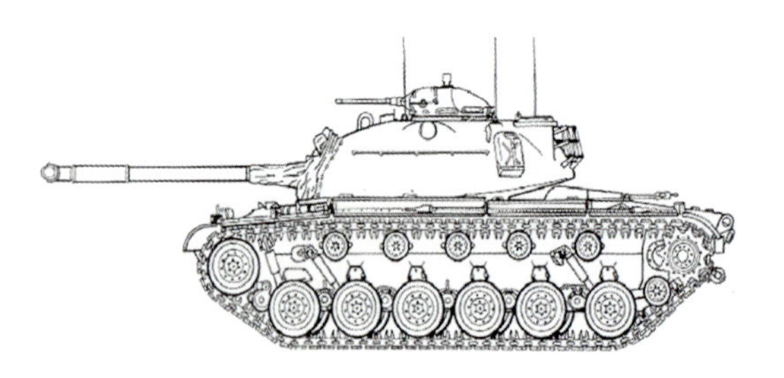

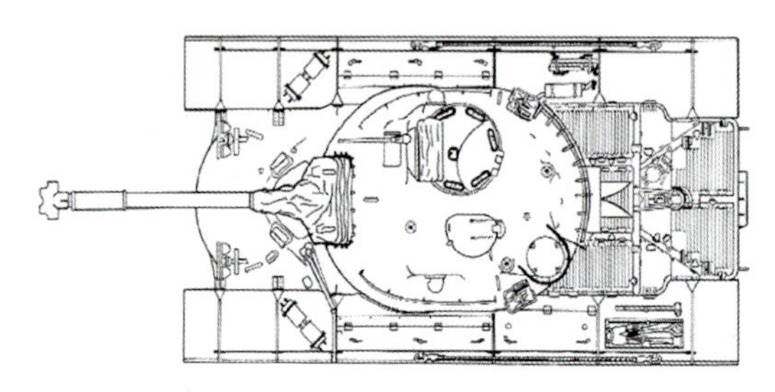

★ M48 坦克结构图

M48“巴顿”坦克内有乘员 3 人，车长和炮长位于火炮右侧，炮长在车长前下方，装填手在火炮左侧。炮塔内后顶部有圆顶型通风装置，炮塔尾部有储物筐篮。

•作战性能

M48、M48A1 坦克采用 AV-1790-5B、7、7B、7C 几种汽油机和 CD-850-4、4A、4B 几种传动装置，燃料储备均为 757 升，最大行程仅为 113 千米。为提高最大行程，M48A2 坦克改用 AV-1790-8 发动机和 CD-850-4D 传动装置。该发动机的特点是用新的燃料喷射系统取代了原来的气化器，提高了燃油经济性。M48 坦克无需准备即可涉水 1.2 米深，安装潜渡装置后潜深达 4.5 米。潜渡前所有开口均要密封，潜渡时需要打开排水泵。

展览中的 M48 坦克

No. 69 英国“百夫长”主战坦克

基本参数	
长度	9.80 米
宽度	3.38 米
高度	3.01 米
质量	52 吨
最大行程	450 千米
最大速度	35 千米 / 小时

“百夫长”坦克是英国在二战末期研制的主战坦克，但未能参与实战。二战后，“百夫长”坦克持续生产并且在英国陆军服役。由于设计优良，受到其他国家的青睐，成为西方在二战之后服役国家最多的坦克。

●研发历史

早在 1943 年 7 月，英国战争办公室就为 A41 巡航坦克和另一种更重型的步兵坦克拟订了主要性能指标，这两种坦克均使用劳斯莱斯公司研制的“流星”发动机。1943 年底，位于米德尔塞克斯的 AEC 公司开始制造 A41 巡航坦克的全尺寸模型，并于 1944 年 5 月完成了制造工作。完成设计的 A41 巡航坦克接受了英国坦克委员会的审查，并顺利通过评估。原方

草坪上的“百夫长”坦克

案只经过小幅度的修改即宣告设计定型。

1945 年 4 月，6 辆原型坦克被交付给英军。英国陆军决定直接把它们配备给装甲部队，以便参加德国境内的战斗，在战斗环境下接受检验，这个行动被称为“哨兵行动”。由于战争结束，英国人的实战检验计划落空，但英国陆军仍然决定让 A41 巡航坦克在欧洲大陆接受长途行军等项目的测试。1945 年，通过检验的 A41 巡航坦克开始批量生产，军用编号为“百夫长”MK1 型，主要生产厂家是英国皇家兵工厂和英国维克斯有限公司，发动机由里兰发动机公司提供。1949 年，“百夫长”正式交付英国陆军。

•武器构造

“百夫长”坦克一共有 13 种型号，MK5 型之后的每种型号又有两种变型。虽然型号众多，但“百夫长”坦克的车体结构基本没有大的改动，车体为焊接结构，两块横隔板将车体分成前中后三部分：前部左侧是储存舱，内装弹药和器材箱；前部右侧为驾驶舱；车体中后部依次是战斗舱和动力舱，这是典型的传统坦克舱室布置方式。驾驶员有 1 个向左右开启的双扇舱盖，每扇舱盖有 1 个潜望镜。圆锥形铸造炮塔体上焊有顶装甲板，炮塔和火炮总重 13 吨，炮塔座圈直径 2300 毫米。车长指挥塔在炮塔顶装甲右侧，左侧是装填手出入舱口，炮塔两侧外部带有装甲储物箱，后部有 1 个储物架。

展厅中的“百夫长”坦克

•作战性能

L-7 105 毫米炮发射曳光脱壳穿甲弹时的有效射程为 1800 米，发射碎甲弹时的有效射程为 3000 ~ 4000 米，训练有素的炮长和装填手可使射速达到 10 发 / 分。除主要武器可发射烟幕弹外，炮塔两侧各装 6 个电击发的烟幕弹发射器。

然而英国二战后的坦克发展一向重视火力和防护而轻视机动，速度低、最大行程小的缺陷一直到 20 世纪 90 年代的“挑战者”2 主战坦克才得到比较好的解决。“百夫长”坦克的缺陷主要与机动性有关，其车体较重，而发动机功率不足且燃油储备较少，导致最高速度仅有 35 千米 / 小时，最大行程也只有 450 千米。

快速前进的“百夫长”坦克

No. 70 英国“酋长”主战坦克

基本参数	
长度	7.50 米
宽度	3.50 米
高度	2.90 米
质量	55 吨
最大行程	500 千米
最大速度	48 千米 / 小时

“酋长”坦克是英国于 20 世纪 50 年代末研制的主战坦克，曾被英国、伊朗、伊拉克和约旦等国家使用，目前仍有一部分正在服役。

•研发历史

20 世纪 50 年代初期，英国陆军便打算发展新一代的主战坦克来取代“百夫长”坦克，研发工作由先前设计“百夫长”MK7 型的里兰德（Leyland）汽车公司负责。1956 年，里兰德公司制造了 3 辆称为 FV4202 的坦克样车。该样车与早期“百夫长”坦克有些相似，但仅 5 对负重轮，采用无防盾型炮塔，驾驶椅后倾，因而车体高度较矮。这种设计受到英国军方的重视，

“酋长”坦克侧面视角

为以后研制“酋长”坦克提供了经验。

1958 年，英国陆军正式下达了设计“酋长”主战坦克的任务书。里兰德公司在 1959 年初制成第一个 1 ：1 的木模型，到年底造出第一辆样车。1961 年，“酋长”坦克首次公开展出。英国在 1965 ~ 1995 年间使用“酋长”坦克，伊朗、伊拉克、约旦、科威特和阿曼等国家也有装备。

•武器构造

“酋长”坦克有 MK1 ~ MK13 共 13 种型号，其中 MK12 和 MK13 未量产。该坦克车体用铸钢件和轧制钢板焊接而成，驾驶舱在前部，战斗舱在中部，动力舱在后部。驾驶员位置有一后倾的驾驶椅和先升起再向右转动开启的单扇舱盖，舱盖后有 1 个 36 号 MK1 广角潜望镜，在夜间使用时可换成红外潜望镜或皮尔金顿公司生产的巴杰尔被动式夜间潜望镜。炮塔用铸钢件和轧制钢板焊接制成，内有 3 名乘员，装填手在左边，车长和炮长在右边。车长位置有 1 个能手动旋转 360 度的指挥塔，塔上有 1 个向后打开的单扇舱盖，装填手位置有 1 个前后对开的双扇舱盖和 1 个可以旋转的折叠式 30 号 MK1 潜望镜。

装甲车上的“酋长”坦克

展览中的“酋长”坦克

•作战性能

“酋长”坦克的主要武器是 1 门 L11A5 式 120 毫米线膛坦克炮，L11A5 线膛炮可以发射英国皇家兵工厂制造的各种 120 毫米线膛炮弹，如 L15A4 曳光脱壳穿甲弹、L20A1 曳光脱壳教练弹、L31 碎甲弹、L32A5 碎甲 / 教练弹、L34 白磷发烟弹和 L23A1 曳光尾翼稳定脱壳穿甲弹。不仅如此，该炮还采用垂直滑动炮闩，炮管上装有抽气装置和热护套，炮口上装有校正装置。火炮借助炮耳轴弹性地装在炮塔耳轴孔内，这种安装方式可减少由于射击撞击而使坦克损坏的可能性。该炮射速较高，第一分钟可发射 8 ~ 10 发弹，以后射速为 6 发 / 分。“酋长”坦克还拥有极佳的核生化防护能力，不仅配备核生化防护系统（安装在炮塔后方）来过滤空气，而且空调、饮水粮食的储备也能使乘员在密闭的车内持续作战达 7 天之久。

行驶中的“酋长”坦克

No. 71 英国维克斯 MK7 主战坦克

基本参数	
长度	7.72 米
宽度	3.42 米
高度	2.54 米
质量	54.6 吨
最大行程	330 千米
最大速度	72 千米 / 小时

维克斯 MK7 坦克是英国维克斯公司与德国“豹”2 主战坦克主承包商克劳斯 · 玛菲公司合作研制的一种出口型主战坦克，1986 年在英国陆军装备展览会上首次公开展出。

● 研发历史

英国维克斯公司是世界上最早接触“乔巴姆”复合装甲的公司之一，并于 1982 年设计成“勇士”坦克，以论证“乔巴姆”复合装甲及装甲车辆领域其他技术的发展情况。此后，维克斯公司和克劳斯 · 玛菲公司开始合作设计较重的维克斯 MK7 主战坦

草丛中的 MK7 坦克

克，该坦克实际上是“勇士”坦克的火力和炮塔系统与克劳斯·玛菲公司“豹”2 坦克的动力传动部件的结合型坦克。该坦克第一辆样车于 1985 年 6 月制成，同年 9 月在埃及试车。为了安装最新发展的昼间和夜间使用的瞄准镜及火控系统，1986 年对样车的武器系统进行了广泛修改。

•武器构造

维克斯 MK7 坦克采取常规的总体布置，驾驶舱在车体前右位置，前左位置是弹药储存仓，可存放 23 发 120 毫米炮弹。车体中部是战斗舱，发动机和传动装置位于车体后部。乘员座位的设计充分考虑了人体工程因素。驾驶员的控制装置与汽车的驾驶装置相类似，有方向盘、油门踏板和制动踏板。该坦克的炮塔用装甲钢板焊制而成，正面和侧面装有“乔巴姆”复合装甲。车长在炮塔内右边，炮长在车长前下位置，装填手在炮塔左边，乘员座位可以随同炮塔一起旋转。

MK7 坦克 3D 图

•作战性能

维克斯 MK7 坦克采用“乔巴姆”复合装甲，对尾翼稳定脱壳穿甲弹和破甲弹均有较好的防护效果。装甲表面涂有防红外涂层，使该坦克具有较好的被动防护性能。维克斯 MK7 的制式防护设备还有三防及通风装置、动力舱的固定式灭火系统以及由格莱维诺公司提供的乘员舱自动灭火抑爆系统。

MK7 坦克正在开火

No. 72 英国“挑战者”1 主战坦克

基本参数	
长度	11.56 米
宽度	3.52 米
高度	2.50 米
质量	62 吨
最大行程	400 千米
最大速度	56 千米 / 小时

“挑战者”1 坦克原名“挑战者”坦克，是英国皇家兵工厂研制的第三代主战坦克，1983 年开始装备部队，主要用于地面进攻和机动作战。

● 研发历史

20 世纪 70 年代，英国按照伊朗的要求相继研制出 FV4030/1 、FV4030/2（伊朗“狮”1 型）、FV4030/3（伊朗“狮”2 型）三种新型坦克。该系列坦克原定产量多达 1500 辆以上，但 1979 年伊朗爆发战争，订单被取消。鉴于当时英国、德国坦克合作计划受挫，英国国防部制订了 MBT-80 坦克计划以取代“酋长”主战坦克，但由于经费和技术问题搁浅。于是英国国防

“挑战者”1 坦克前方视角

部在 FV4030/3 型的基础上，采用 MBT-80 计划已发展成熟的技术，推出 FV4030/4 型，并改称“挑战者”。1978 年 9 月，英国国防部和利兹国营皇家兵工厂签订了 243 辆“挑战者”坦克的生产合同。后来该工厂与维克斯公司合并，故生产工作转由维克斯公司负责。

1982 年 12 月，英国陆军开始接收“挑战者”坦克，1983 年首先装备英国莱茵军团。1984 年、1985 年和 1988 年先后追加订单，使总产量增加到 420 辆，并于 1990 年结束生产。“挑战者”服役后评价并不高，在历次北约射击竞赛中成绩不佳。20 世纪 80 年代末期，维克斯公司对“挑战者”进行大幅改进，推出“挑战者”2 坦克，而原来生产的称为“挑战者”1 坦克。

•武器构造

“挑战者”1 坦克的总体布置与“酋长”坦克相似，但由于车体和炮塔均采用“乔巴姆”复合装甲，由两层钢板之间夹数层陶瓷材料组成，所以两者的外形差异很大。“挑战者”1 体积庞大，是 20 世纪 70 年代以来最重的主战坦克之一。该坦克炮塔前部倾角较小，远观似车体上部的自然延伸，被弹面相对较小，后部有储物筐，但横栏较短，在炮塔两侧无延伸。这种炮塔设计不利于乘员连续作战，核化条件下长时间关窗驾驶，容易导致乘员疲劳。“挑战者”1 装备的 120 毫米线膛炮外观特征较明显，全炮被隔热材料附着，并有多数与炮身方向垂直的捆绑绳索。炮口上部有凸起的炮口装置，抽气筒位于炮口中部偏前位置。该坦克有 6 对大直径负重轮，裙板下沿覆盖其 1/3 处，裙板为规则梯形。

作战中的“挑战者”1 坦克

•作战性能

“挑战者”1 坦克的所有发射弹药都储存在车体底部的防火箱中，加上其他的各种防护措施，使坦克具有相当高的战场生存能力。此外，该坦克的主炮沿用“酋长”坦克的 L11A5 式 120 毫米线膛炮，弹种和备弹量（64 发）也相同。该炮可以发射 L15A4 脱壳穿甲弹、L20A1 脱壳弹、L31 碎甲弹、L32A5 碎甲 / 教练弹、L34 白磷发烟弹和新研制的 L23A1 尾翼稳定脱壳穿甲弹。

游行中的“挑战者”1 坦克

No. 73 英国“挑战者”2 主战坦克

基本参数	
长度	8.30 米
宽度	3.50 米
高度	3.50 米
质量	62.5 吨
最大行程	450 千米
最大速度	59 千米 / 小时

“挑战者”2 主战坦克由英国阿尔维斯·威克斯公司研制，曾创下世界最远坦克击毁纪录。目前，“挑战者”2 是英国陆军和阿曼皇家陆军主要的主战坦克。

●研发历史

“挑战者”2 坦克是英国第三种以“挑战者”命名的坦克，第一种是二战时期的“挑战者”巡航坦克，第二种是“挑战者”1 主战坦克。“挑战者”2 是从“挑战者”1 衍生而来，但两者仅有 5% 的零件可以通用。“挑战者”2 于 1993 年开始生产，首车于 1994 年 3 月完工，1998 年开始进入英国军队

士兵与“挑战者”2 坦克

服役。自 1993 年开始生产以来，“挑战者”2 一共生产了 446 辆，其中英国陆军装备 408 辆，阿曼皇家陆军装备 38 辆。

“挑战者”2 坦克采用了“乔巴姆”复合装甲，具备较强的防御能力，其主炮为 120 毫米线膛炮，在当今现役主流主战坦克均采用滑膛炮的情况下，“挑战者”2 的线膛炮算是一个另类。“挑战者”2 曾在伊拉克战争中大量使用，特别是在巴士拉战役中，“挑战者”2 击毁伊军坦克 70 多辆，英方无一伤亡。值得一提的是，“挑战者”2 还曾用穿甲弹在 5200 米距离上击毁一辆伊拉克坦克，创立世界最远坦克击毁纪录。

•武器构造

“挑战者”2 坦克的主炮采用的是 BAE 系统公司皇家军械分部制造的 L30A1 型 120 毫米线膛炮，该炮也曾在“挑战者”1 和“酋长”坦克上使用。它采用电炉渣精钢制成，可发射尾翼稳定脱壳穿甲弹和破甲弹等多种弹药，坦克车内备弹 50 发。该坦克的辅助武器为 1 挺 7.62 毫米并列机枪和 1 挺 7.62 毫米防空机枪。

“挑战者”2 坦克前方视角

“挑战者”2 坦克的炮塔采用了第二代“乔巴姆”复合装甲，并安装有三防系统。在炮塔两侧各有一组五联装 L8 烟幕弹发射器，而且该坦克的发动机也可制造烟雾。

•作战性能

“挑战者”2 坦克使用的发动机为帕金斯 CV-12 柴油发动机，变速装置为戴维布朗 TN54 变速器，最大越野速度为 40 千米 / 小时，最大公路速度 59 千米 / 小时。

“挑战者”2 坦克正在开火

编队出行的“挑战者”2 坦克

No. 74 苏联 / 俄罗斯 T-54/55 主战坦克

基本参数	
长度	6.45 米
宽度	3.37 米
高度	2.40 米
质量	36 吨
最大行程	460 千米
最大速度	48 千米 / 小时

T-54/55 坦克是有史以来产量最大的主战坦克，几乎参加了 20 世纪后半叶的所有武装冲突。直到今天，仍有 50 多个国家在使用 T-54/55 及其种类繁杂的改型。

●研发历史

T-54 型的最初设计开始于 1944 年 10 月， 由 OKB-520 设计局（第 183 斯大林乌拉尔坦克工厂）进行。原型设计于当年 12 月便告完成，原型车也于 1945 年 2 月制造出来。原型车于 1945 年 3 ~ 4 月进行了测试并通过，被苏联军方定名为 T-54。虽然 T-54

T-54/55 坦克前侧方视角

仍然存在很多问题和缺陷，但仍然在 1946 年 4 月 29 日正式宣布入役，并于 1947 年开始量产。T-54 服役后经过了多次改进，于 1958 年推出了 T-55 型。T-55 从本质上来讲只是 T-54 型的一个改型，但当时苏军出于政治方面的考虑为它赋予了全新的编号。

T-54/55 坦克主要在中东战争中与西方坦克交手，这一型号的装备促成了美国第一种主战坦克——M46 的诞生。虽然 T-54/55 坦克在苏联的主力地位很快被后继的 T-62 和 T-72 坦克所代替，但在其他很多国家被沿用多年。

•武器构造

T-54/55 坦克的布局与多数战后坦克没有太大区别，即乘员舱在车体前部，动力舱在后，车体正中装有一座半球状炮塔。驾驶员座位在车体左前方，其左侧是车长，右侧是装填手，前方是炮手。行驶部分，驱动轮在后，路轮排在两侧，前第一个路轮与后四个路轮的距离较大。排气管位于左挡泥板上。

行驶中的 T-54/55 坦克

早期的 T-54 在炮塔右前部装有一个半球状通风装置，并且在炮塔前部正中有一个机枪射击孔。此外，T-54 的炮口没有抽烟器，还有一个猪嘴形防盾。这提供了一种相对简单的辨认方法。

•作战性能

T-54/55 坦克的机械结构简单可靠，与西方坦克相比更易操作，对乘员操作水平的要求也要低。T-54/55 是一种相对较小的主战坦克，也就意味着在战场上提供给敌军的目标也更小。这种坦克质量较轻、履带宽大、低温条件下启动性能好，而且还可以潜渡，这使得 T-54/55 的机动性属于上佳。T-54/55 庞大的生产数量和经久不衰的服役状况使得备件从来都不缺乏，而且相当便宜。T-54/55 虽然与现代主战坦克相比十分老旧脆弱，但是如果加以改造，仍然可以显著提升战斗力和生存能力。

快速前进中的 T-54/55 坦克

T-54/55 坦克也拥有一些致命的弱点。较小的体型牺牲了内部空间以及成员的舒适性。狭小的空间使得乘员操作碍手碍脚，减慢了操作的速度。炮塔太矮，使炮塔最大俯角仅为 5 度（西方坦克多为 10 度），对于山地作战常无能为力。由于 T-54/55 的火炮稳定装置落后，因此这些坦克仅能在停车时进行稳定有效的射击。车内的火炮备弹缺乏防护，使得坦克在被击中后易发生二次爆炸。

No. 75 苏联 / 俄罗斯 T-62 主战坦克

基本参数	
长度	6.63 米
宽度	3.30 米
高度	2.40 米
质量	37 吨
最大行程	450 千米
最大速度	50 千米 / 小时

T-62 坦克是苏联继 T-54/55 坦克后于 20 世纪 50 年代末发展的新型主战坦克，其 115 毫米滑膛炮是世界上第一种实用的滑膛坦克炮。

•研发历史

直到 20 世纪 60 年代初，T-55 坦克使用的 D-10T 主炮都是苏联主战坦克的唯一装备。因此在 20 世纪 50 年代中期以后苏军发现主战坦克已难以对付美制 M48“巴顿”坦克，而西方坦克却能在正常距离上击穿 T-55 坦克。因此，苏联着手研制了 T-62 主战坦克。该坦克于 1962 年定型，1964 年批量生产并装备部队，1965 年 5 月首次出现在红场阅兵行列中。

博物馆中的 T-62 坦克

T-62 坦克的生产一直持续到 20 世纪 70 年代末 T-72 坦克投产时为止，共计生产约 2 万辆。为满足军火市场的大量需求，苏联还准许捷克斯洛伐克生产该坦克，在 1973 ~ 1978 年大约生产了 1500 辆。该坦克曾大量用于 1973 年的中东战争，从实战中暴露出射击速度慢、火炮俯角小、115 毫米滑膛炮及火控系统不如以色列 105 毫米线膛炮等缺点和问题，有待改进和发展。时至今日，T-62 坦克仍在多个国家的军队中服役，并参加了多场局部战争。

•武器构造

T-62 坦克的车体为焊接结构，驾驶舱在车体前左侧，前右侧是弹药舱，车体中部是战斗舱，动力舱在车体后部。驾驶员处有 1 个可向上升起并向左旋转打开的单扇舱盖，舱前有 2 个观察镜，靠左边的观察镜在夜间可换成有 30 度视场、60 米视距的 TBH-2 红外驾驶潜望镜。在驾驶椅后的车体底甲板上开有向车内打开的安全门。车体前部装甲板装上有防浪板，板的右侧有 2 个前灯，靠左边的是白光灯，靠右边的是红外灯。车体两侧翼子板上装有燃料箱和工具箱，车体后部还可以加装附加燃料桶。

T-62 坦克前侧方视角

T-62 坦克的炮塔为整体铸造结构，呈圆形，安装在车体中部。炮长在火炮左侧，车长位于炮长后上方，装填手在火炮右侧。车长和装填手处各有 1 个舱口，舱盖为单扇结构，向后开启，可在垂直状态时闭锁。炮塔外部焊有供搭载步兵使用的扶手，炮塔顶部正后方开有 1 个抛壳口。

•作战性能

T-62 坦克的动力舱和战斗舱都装有集中的溴化乙烯灭火装置，可以由安装在上述两舱中的 8 个热传感器自动灭火，也可以由车长或驾驶员手动操作。该坦克装有集体式防原子装置，但未装集体式防化学装置。与其他苏式坦克一样，T-62 坦克也装有热烟雾施放装置，能产生 250 ~ 400 米长的烟雾，可持续大约 4 分钟。除此之外，该坦克的辅助武器是 1 挺 TM-485 式 7.62 毫米并列机枪，射速为 200 ~ 250 发 / 分。

展览中的 T-62 坦克

No. 76 苏联 / 俄罗斯 T-64 主战坦克

基本参数	
长度	9.23 米
宽度	3.42 米
高度	2.17 米
质量	38 吨
最大行程	700 千米
最大速度	60.5 千米 / 小时

T-64 坦克是苏联在 20 世纪 60 年代研发的主战坦克，是苏联标准下第一款第三代的主战坦克，仅在苏联及解体后的多个独联体国家中服役。尽管它不像 T-72 主战坦克那样被多个国家装备和发展，但却是苏联日后的现代化坦克的基础。

●研发历史

20 世纪 50 年代末，在 T-62 坦克还没量产的时候，苏联就已经开始预研下一代坦克了。与此同时，西方更先进的坦克以及更先进的反坦克武器的出现，让苏联军方对拥有一款火力更强大、防护更坚固、机动更迅捷的坦克的愿望不断加强。于是，1958 年，430 号中型坦克试验项目

展览中的 T-64 坦克

开始，并交由位于乌克兰哈尔科夫的莫洛佐夫设计局完成。之后由于 430 号项目试验车并没有表现出与苏联现役主力 T-55 坦克相比的明显优势，因此莫洛佐夫决定继续改进，并把现有的研究成果转入 432 号项目。432 号项目最终成品在 1962 年 9 月完成，次年 10 月投产。1966 年 12 月 30 日，432 号项目产品正式进入苏军服役，并命名为 T-64。次年 1 月 2 日，苏联国防部正式接受首批 T-64。

T-64 所采取的一系列技术革新，为苏联（俄罗斯）坦克日后发展方向给定了方向，直到现在俄罗斯发展的 T-95 主战坦克依然有 T-64 的影子。

•武器构造

T-64 坦克车体用装甲钢板焊制而成。车内分为驾驶舱、战斗舱和动力舱 3 部分。驾驶员位于车体内前部中央，有 1 个向上抬并向右旋开的单扇舱盖，舱前有观察潜望镜，前部装甲板两侧有驾驶照明灯。车体前部装甲板中央位置有 V 形凸起，其间有 3 ~ 4 条横筋，这样凸起可起防浪板作用。

T-64 坦克前侧方视角

前下装甲板外装有推土铲，还备有安装 KMT 扫雷器的托架。车体两侧装有外张式侧裙板。炮塔为铸钢件，装在车体中部上方，中弹率高的正面面积窄小，炮塔呈卵形，顶视图呈盘状，高度比以前的炮塔都矮。

•作战性能

T-64 坦克最为突出的技术革新就是装备一门使用分体炮弹和自动供弹的 115 毫米滑膛炮（型号为 2A21/D-68，后升级为 125 毫米 2A26M 式），让坦克不再需要专职供弹手（副炮手），使乘员从 4 名减少到 3 名，有利于减少坦克体积和质量。2A26 式 125 毫米火炮通常发射 3 种不同类型的炮弹：一是尾翼稳定脱壳穿甲弹，初速度为 1600 米 / 秒，最大有效射程为 2100 米，穿甲厚度为 375 ~ 335 毫米；二是尾翼稳定榴弹，初速度为 850 米 / 秒，最大直接瞄准距离为 2300 米；三是空心装药破甲弹，初速度为 900 米 / 秒。除发射普通炮弹外，该炮还可以发射 9M112 型炮射导弹，有效射程为 3000 ~ 4000 米，破甲厚度为 600 ~ 650 毫米。

游行中的 T-64 坦克

No. 77 苏联 / 俄罗斯 T-72 主战坦克

基本参数	
长度	6.90 米
宽度	3.36 米
高度	2.90 米
质量	44.5 吨
最大行程	450 千米
最大速度	80 千米 / 小时

T-72 坦克是苏联在 T-64 主战坦克的基础上研制而成的，是一种产量极大、使用国家众多的主战坦克。

•研发历史

T-72 坦克是苏联在 1967 年开始研制的主战坦克，在 T-64 坦克的基础上研制而成。由于 T-64 坦克采用了大量的先进技术，所以制造成本极高，在 20 世纪 70 年代的单位造价就达到了 300 万美元。这种昂贵的坦克在苏联是无法大量装备的，于是苏联便着手研发另一种性能相近但造价低廉的主战坦克，以便大量装备苏联军

外展中的 T-72 坦克

队和外销华约国家。经过数年的研发后，T-72 坦克便诞生了。1973 年，T-72 坦克正式服役。

T-72 坦克的生产总量高达 25000 辆，自服役以来参与过多次武装冲突或战争，例如 2003 年伊拉克战争爆发时，伊拉克军队就拥有大量 T-72 坦克，但这些坦克在战争中的使用效果不佳，未给美军的 M1A2 和英军的“挑战者”2 主战坦克带来多大威胁。

•武器构造

行驶中的 T-72 坦克

T-72 坦克的车体用钢板焊接制成，车内分为前驾驶舱、中部战斗舱、后部动力舱 3 部分。驾驶椅在车体前部中央位置，驾驶员处有 1 个位于车体顶装甲板上的舱口盖，可从车内开关舱盖。驾驶员开窗驾驶时，必须先将火炮向一侧转动一定角度并加以固定，关窗驾驶时，昼间借助潜望镜观察，夜间借助红外或微光潜望镜观察。车体前上装甲板上有 1 个 V 形防浪板，并装有前灯。驾驶员两侧的车首空间存放可防弹的燃油箱。车体前下甲板上装有推土铲，平时有防护作用。车体两侧翼子板上有燃油箱和工具箱，车体后部还可以安装两个各 200 升柴油的附加油桶。

该坦克的炮塔为铸造结构，呈半球形，位于车体中部上方，炮塔内有车长和炮长 2 名乘员。

•作战性能

编队游行中的 T-72 坦克

T-72 坦克的主要武器是 2A46 125 毫米滑膛炮，可发射包括尾翼稳定脱壳穿甲弹、破甲弹以及反坦克导弹在内的多种弹药，其中反坦克导弹的发射能力是从 T-72B 才开始具备。其穿甲弹的炮口初速度可达 1800 米/秒。但 T-72 坦克的火控系统较差，在远距离上的命中精度不太理想，特别是发射反坦克导弹时，需要在停车状态才能进行导引。

除此之外，该坦克还具备一定的涉水能力。

No. 78 苏联 / 俄罗斯 T-80 主战坦克

基本参数	
长度	9.72 米
宽度	3.56 米
高度	2.74 米
质量	46 吨
最大行程	580 千米
最大速度	65 千米 / 小时

T-80 是苏联在 T-64 基础上研制的主战坦克，外号“飞行坦克”。这是历史上第一款量产的全燃气涡轮动力主战坦克。除了俄罗斯、乌克兰等国家外，塞浦路斯、巴基斯坦、韩国等国家也有 T-80 及各种衍生型号服役。

●研发历史

20 世纪 60 年代末，苏联就在 T-64 坦克的基础上开始了 T-80 坦克的研制。1968 年立项，于 1976 年定型并且装备部队。在 T-80 投入量产的同时，T-64 的最新型号、能发射炮射导弹和安装反应装甲的 T-64B 也开始生产，因此 T-80 产量并不大。

T-80 坦克前方视角

T-80 坦克投产后，基洛夫工厂开

展了 219R 工程，目的是把研发完成的 T-64B 和 T-80 结合起来。这项工程的最终成果就是 T-80B。T-80B 投产后不久，其下一个升级型号也开始研发了，代号为 219A 工程。1982 年，项目的最终成品 T-80A 投产，但由于各种原因，这款坦克产量较少，并且最终没有服役。与此同时，另一个 T-80B 升级项目——219V 工程也在进行中。后来，基洛夫工厂和莫洛佐夫设计局把 219A 和 219V 两项工程的特点融为一体，219AS 工程由此开始；其中车身由基洛夫第三设计局开发，炮塔和武器由莫洛佐夫设计局负责。1985 年，219AS 工程的最终成果投产，被命名为 T-80U。

苏联解体后，几乎所有的军工产业都归其所在的苏联加盟共和国所有，因此研发、生产部门分布在俄罗斯、乌克兰两国的 T-80 在两国平行发展。事实上，在 1987 年，乌克兰的莫洛佐夫设计局已经独立完成 T-80 柴油发动机版本的开发，即 T-80UD。之后，乌克兰又在 T-80UD 的基础上推出了 T-84，于 2000 年 2 月进入乌克兰陆军服役。

•武器构造

T-80 坦克的总体布置与 T-64 坦克相似，驾驶员位于车体前部中央，车体中部是战斗舱，动力舱位于车体后部。为了提高对付动能穿甲弹和破甲弹的防护能力，车体前部装甲比 T-64 坦克有进一步改进，前下装甲板外面装有推土铲，还可以安装 KM-4 扫雷犁。炮塔为钢质复合结构，带有间隙内层，位于车体中部上方，内有 2 名乘员，炮长在左边，车长在右边，车长和炮长所处位置各有 1 个炮塔舱口。T-80 坦克的车体正面采用复合装甲，前部装甲板由多层组成。其中外层为钢板，中间层为玻璃纤维和钢板，内衬层为非金属材料。此外，T-80 坦克还装有集体防护装置、烟幕弹发射装置和激光报警装置。

T-80 坦克前侧方视角

•作战性能

T-80 坦克的主要武器仍是 1 门与 T-72 坦克相同的 2A46 式 125 毫米滑膛坦克炮，既可以发射普通炮弹，也可以发射反坦克导弹。不仅如此，T-80 坦克的最大公路时速为 65 千米 / 小时，越野时速不超过 50 千米 / 小时。推进系统有 4 个前进挡和 1 个倒车挡。由于扭矩较大，T-80U 的加速性能良好，速度从 0 加速至 40 千米 / 小时只需 9 秒。

快速前进中的 T-80 坦克

No. 79 苏联 / 俄罗斯 T-90 主战坦克

基本参数	
长度	9.53 米
宽度	3.78 米
高度	2.22 米
质量	46.5 吨
最大行程	550 千米
最大速度	65 千米 / 小时

T-90 坦克是俄罗斯于 20 世纪 90 年代研制的新型主战坦克，1995 年开始服役，目前已经装备包括俄罗斯在内的多国军队。

•研发历史

T-90 主战坦克于 20 世纪 90 年代初开始研制，最初是作为 T-72 坦克的一种改进型，代号为 T-72BY。由于使用了 T-80 主战坦克的部分先进技术，性能有很大提升，于是重新命名为 T-90。该坦克由 OKB-520 设计局（第 183 斯大林乌拉克坦

T-90 坦克正在展出

克工厂）研发，下塔吉尔国营工厂负责生产，1995 年正式开始服役。T-90 坦克的命名延续了俄罗斯其他坦克的命名方式，即 T 加数字。目前，T-90 坦克有 T-90A、T-90E、T-90S 和 T-90SK 等多种衍生型号。

•武器构造

T-90 坦克的车体前上装甲倾斜明显，装有附加装甲。炮塔位于车体中部，动力舱后置。通常在车尾装有自救木和附加油箱。发动机排气口位于车体左侧最后一个负重轮上方。炮塔为球形，顶部右侧装有 1 挺 12.7 毫米高射机枪。炮塔后部两侧安装有烟幕弹发射器。

士兵与 T-90 坦克

T-90 坦克的装甲防护包括复合装甲、爆炸反应装甲和传统钢装甲三种。爆炸反应装甲安装于炮塔上，包括炮塔顶部，以抵御现在流行的攻顶导弹。炮塔前端还加装了两层复合装甲，这种复合装甲通常采用特殊塑料和陶瓷制成。

•作战性能

T-90 坦克采用 125 毫米口径滑膛炮，型号为 2A46M，并配有自动装填机。该炮可以发射多种弹药，包括尾翼稳定脱壳穿甲弹、破甲弹和杀伤榴弹，为了弥补火控系统与西方国家的差距，该坦克还可发射 AT-11 反坦克导弹。AT-11 反坦克导弹在 5000 米距离上的穿甲厚度可达 850 毫米，而且还能攻击直升机等低空目标。尾翼稳定脱壳穿甲弹的型号为 3VBM17，该弹在 1000 米距离上的穿甲厚度超过 250 毫米。

除此之外，T-90 坦克的发动机为 12 缸柴油发动机，输出功率为 735 千瓦。该发动机相比燃气轮机经济性更好，相对 46.5 吨的车重，可为 T-90 提供 65 千米 / 小时的最大速度。T-90 坦克的最大行程为 375 千米，在加挂外油箱之后可达 550 千米。它可以越过 2.8 米宽的壕沟和 0.85 米高的垂直矮墙，并能通过深达 1.2 米的水域，在经过短时间准备之后，涉水深度可达 5 米。

水泽中的 T-90 坦克

No. 80 俄罗斯 T-14 "阿玛塔" 主战坦克

基本参数	
长度	10.80 米
宽度	3.50 米
高度	3.30 米
质量	50 吨
最大行程	500 千米
最大速度	80 千米 / 小时

T-14 "阿玛塔" 坦克是俄罗斯最新研制的主战坦克，配备了无人炮塔系统，可变成完全自动化的作战车辆。与俄罗斯现有的坦克相比，为了使 T-14 "阿玛塔" 坦克的 3 名乘员可以得到更好的保护，他们都位于远离主炮的底盘加固舱内，完全实现与弹药的隔离，

游行中的 T-14 坦克

可大幅降低由于二次效应爆炸起火对人员造成的伤害。

该坦克的辅助武器为 1 挺 7.62 毫米遥控机枪和 1 挺 12.7 毫米机枪。与 T-90 主战坦克相比，该坦克在速度和操纵性方面更为优越。此外，该坦克不仅具备全天候、全自动跟踪、识别和选定目标等多种功能，还可在昼夜及各种气象条件下展开进攻作战。值得一提的是，T-14“阿玛塔”坦克拥有先进的火控系统，炮塔配备了全新的 125 毫米 2A82 滑膛炮，这种火炮极具杀伤力，可以发射制导导弹和俄罗斯现有的任何炮弹。

士兵与 T-14 坦克合影

快速前进中的 T-14 坦克

No. 81 俄罗斯 T-95 主战坦克

基本参数	
长度	9.72 米
宽度	3.56 米
高度	2.74 米
质量	55 吨
最大行程	700 千米
最大速度	65 千米 / 小时

T-95 坦克是俄罗斯研制的主战坦克，由 T-90 坦克发展而来，2000 年俄罗斯政府曾对外公布宣称将于 2009 年量产，但俄罗斯政府于 2010 年 5 月终止了该项目，并取消了所有资金。

●研发历史

早在 20 世纪 80 年代中期，苏联就启动了第四代主战坦克 T-95 的研制工作，因原本定于 1995 年装备部队，故命名为 T-95。后来由于苏联解体、经费短缺且一直保持低调等原因，T-95 逐渐淡出了公众的视野。直到 2006 年，俄罗斯媒体称正在研制的 T-95 新一代主战坦克极有可能出口到沙特阿拉伯，这款坦克才再次成为人们关注的焦点。当时，沙特阿拉伯军方正

保存至今的 T-95 坦克

计划拓展渠道，采购 300 辆以上新一代主战坦克，以替换现役的老式法制 AMX-30B 坦克，而 T-95 是最佳选择之一。

•武器构造

与以往的俄式坦克不同，T-95 坦克的自动化程度有了明显的提高。坦克乘员减少至两名，分别为车长和驾驶员（兼机械师）。它注意人体工程学设计，驾驶舱用装甲板与战斗舱隔离开，座椅舒适，舱内活动空间比其他型坦克宽敞，空间狭窄造成的疲劳因素消减。此外，T-95 坦克还装备有现代化的无线电设备。凭借低矮的外形、强大的火炮、先进的防护和抗沙尘侵袭措施，T-95 坦克的综合作战能力极为优秀。

★ T-95 坦克 3D 图

•作战性能

T-95 坦克装有世界各国主战坦克中口径最大的主炮，即 145 毫米滑膛炮。这预示着其射程更远，破坏力更大。它配备有新型自动装弹机和先进的火控系统，具备对昼夜移动目标完全自动跟踪、识别、选定目标等全面功能，大大缩短了从发现目标到射击的时间，提高了射击精度，而且操作简单，反应迅速。据报道，T-95 在运动中射击的命中率接近于静止间射击的命中率。并且 T-95 有发射制导弹药（射程为 6000 ～ 7000 米）的能力。

由于 T-95 坦克不设传统炮塔，只在车身后部装置了小口径自动炮塔，因而它有效减少了车体正面面积，增加了坦克的隐形能力。该坦克将安装新型爆炸式反应装甲，现役 120 毫米坦克炮都无法在 2000 米射程内正面贯穿它。加强了装甲防护的 T-95 还能抵御装有串联弹头的反坦克武器的攻击。T-95 坦克还安装了主动防御系统。该系统由多用途小型雷达、反应迅速的防御弹药和专用计算机组成，主要任务是拦截、摧毁来自任何方向的以 70~700 米 / 秒速度飞行的各型来袭反坦克武器。

除此之外，T-95 坦克的动力系统经过大幅度改进后，已超过了西方最新型主战坦克的发动机功率。据报道，T-95 的发动机为 GTD-1250 型燃气轮机的改进型，具有更大的单位功率与加速性能，其速度比现被俄军士兵称为“飞行坦克”的 T-90 坦克还快，公路最大速度为 65 千米 / 小时，最大行程达 700 千米。它采用一种新型悬挂装置，不仅能确保其在高低起伏的地上高速平稳地行驶，还可任意调节车底距地高度，具有优异的越野能力。

T-95 坦克前侧方视角

No. 82 法国 AMX-30 主战坦克

基本参数	
长度	9.48 米
宽度	3.10 米
高度	2.28 米
质量	36 吨
最大行程	600 千米
最大速度	65 千米 / 小时

AMX-30 坦克是法国于 20 世纪 60 年代研制的主战坦克，法国陆军自己采用了 1200 余辆，还外销给近十个国家。

●研发历史

二战后，法国陆军一直使用由美国供应的坦克。到了 20 世纪 50 年代中期，法国、联邦德国和意大利共同草拟了设计欧洲型主战坦克的联合要求。1959 年，法国和联邦德国开始分别研制样车，原计划从中选择一种进行生产，因涉及两国利益，未能达成协议，结果法国研制成 AMX-30 坦

AMX-30 坦克前侧方视角

克，联邦德国研制成“豹”1坦克，意大利则先生产 M60A1 坦克，后改为生产“豹”1坦克。

AMX-30 坦克在法国地面武器工业集团（GIAT）指导下由伊西莱穆利诺制造厂研制。1963 年，法国和联邦德国研制的样车在两国许多地方进行了试验。1966 年，AMX-30 坦克开始批量生产。1967 年 7 月，AMX-30 坦克正式列为法国陆军制式装备，逐渐替换法军中的 M47 坦克。至 1985 年 3 月，AMX-30 坦克共生产 1900 余辆，除装备法军外，还大量出口。

•武器构造

AMX-30 坦克为传统式炮塔型坦克，由车体和炮塔两大部分组成。车体用轧制钢板焊接而成。驾驶舱在车体左前方，车体中段是战斗舱，其上有炮塔。车体后部为动力舱。炮塔为铸造件，内有 3 名乘员。车长位于火炮右侧，炮长位于车长前下方，装填手位置在火炮左侧。大型炮塔尾舱中装有 18 发炮弹。

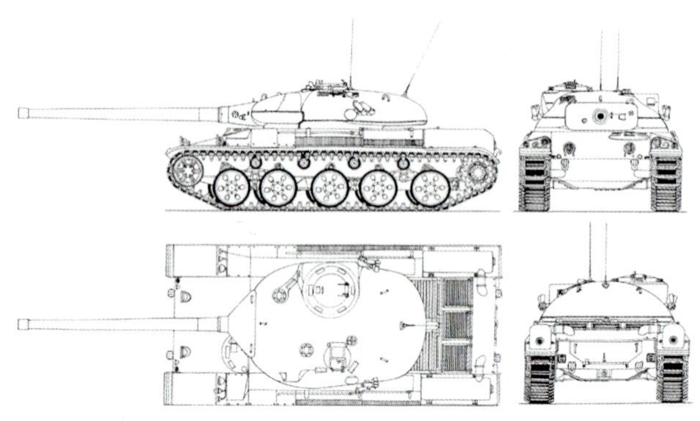

★ AMX-30 坦克结构图

•作战性能

AMX-30 坦克的主要武器是 1 门 CN-105-F1 式 105 毫米火炮，身管长是口径的 56 倍，既无炮口制退器，也无抽气装置，但装有镁合金隔热护套，能防止炮管因外界温度变化引起的弯曲。该炮可发射法国弹药，也可以发射北约制式 105 毫米弹药，最大射速为 8 发 / 分。

该坦克的辅助武器包括 1 门装在火炮左侧的 F2 式 20 毫米并列机关炮（备弹 1050 发）和 1 挺装在车长指挥塔右边的 F1C1 型 7.62 毫米高射机枪（备弹 2050 发）。并列机关炮可以随火炮一起俯仰，也可以单独俯仰，最大仰角为 +40 度，俯角与火炮相同，为 - 8 度。高射机枪由车长操纵，可从车内遥控射击。该机枪的俯仰范围为 - 10 度 ~ +45 度，可随指挥塔做 360 度旋转，有效射程为 700 米。

除此之外，AMX-30 坦克的机动性良好，以 529 千瓦发动机推动 36 吨重的车身，其推重比为 14.7 千瓦 / 吨，车轮采用扭力杆式悬挂系统，第一对和第五对车轮有油压减振设备。AMX-30 坦克能涉水深 1.3 米，加装通气管后更能涉水深 4 米。

炮火中的 AMX-30 坦克

No. 83 法国 AMX-40 主战坦克

基本参数	
长度	10.04 米
宽度	3.18 米
高度	2.38 米
质量	43.7 吨
最大行程	600 千米
最大速度	70 千米 / 小时

AMX-40 坦克是由法国地面武器工业集团研制的一款主战坦克，作为出口坦克，以替换发生故障的 AMX-32。该坦克是专为军队设计的廉价坦克，具有较小的防御能力和良好的机动性能等优点。

AMX-40 坦克是法国最早采用复合装甲的坦克，通过外形和装甲倾角的合理设计，使坦克的防护性能达到最佳程度。该坦克的主要武器是 1 门法国地面武器工业集团研制的 120 式 120 毫米滑膛炮，虽然炮管上不装抽气装置，但装有热护套。此外，120 毫米滑膛炮的左侧装有 1 门 F2 式 20 毫米并列机关炮，不仅可以击穿 1000 米距离上的轻型装甲目标，还是 AMX-40 坦克的防空武器。另外，车长指挥塔右边还装有 1 挺 7.62 毫米机枪和 1 个白光探照灯，该机枪由车长在车内操作，可用于对付地面有生力量，也可用于防空。

展厅中的 AMX-40 坦克

No. 84 法国 AMX-56 “勒克莱尔”主战坦克

基本参数	
长度	9.90 米
宽度	3.60 米
高度	2.53 米
质量	56.5 吨
最大行程	550 千米
最大速度	72 千米 / 小时

AMX-56 “勒克莱尔”是由法国地面武器工业集团研制的主战坦克，用以取代 AMX-30 主战坦克。该坦克主要服役于法国和阿拉伯联合酋长国。

● 研发历史

20 世纪 70 年代，法国陆军装备 AMX-30 坦克已日渐老旧。1977 年，法国军方提出新坦克需求，但进口美国 M1 “艾布拉姆斯”、德国“豹”2 和以色列“梅卡瓦”主战坦克的提议都未能通过。1986 年，法国成立了名为“Leclerc”的坦克研制专案，并很快造出了试验车。相对于其他西方坦克，该样车更注重主动

展览中的 AMX-56 坦克

防御手段，借此降低装甲质量，以及增加机动性（闪避炮火）和取得有利的射击位置。阿拉伯联合酋长国很认同这种战术思想，所以订购了 436 辆，使法国可以有效降低单位平均成本。

1990 年，AMX-56“勒克莱尔”坦克正式服役，其名称是为了纪念法国名将菲利普 · 勒克莱尔元帅，他在解放巴黎时是进入巴黎的“自由法国”第二装甲师师长。“勒克莱尔”坦克自服役后未参与过大规模武装冲突或战争，但曾参与过联合国在科索沃和黎巴嫩南部的维和行动。

•武器构造

“勒克莱尔”坦克的车体为箱形可拆卸式结构，驾驶舱在车体左前部，车体右前部储存炮弹，车体中部是战斗舱，动力传动舱在车体后部。样车炮塔带有尾舱，安装在车体中部上方。箱形可拆卸式结构、以陶瓷为基本材料的复合装甲以及低矮扁平的炮塔外形，使“勒克莱尔”坦克对付动能穿甲弹的能力比采用等质量普通装甲的坦克提高一倍。车体正面可防御从左右 30 度范围内发射来的尾翼稳定脱壳穿甲弹。设计炮塔时，考虑了防顶部攻击问题。车体底装甲可以承受未来战场上大量使用的小型可撒布地雷的攻击。

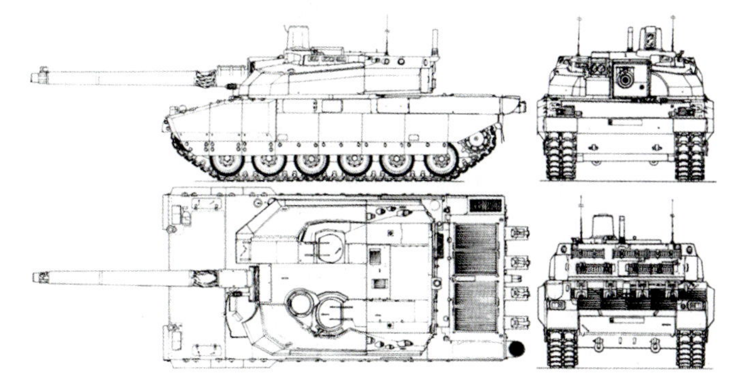

★ AMX-56 坦克结构图

此外，“勒克莱尔”坦克还装有三防装置、萨吉姆公司生产的“达拉斯”激光报警装置以及屏蔽和对抗装置。

•作战性能

“勒克莱尔”坦克的火控系统比较先进，使其具备在 50 千米 / 小时的行驶速度下命中 4000 米外目标的能力。除此之外，“勒克莱尔”坦克装有法国地面武器工业集团的 Galix 战斗载具防御系统，可发射烟幕弹、榴弹和红外线干扰弹。

前进中的 AMX-56 坦克

AMX-56 坦克在乡间行驶

No. 85 德国“豹”1 主战坦克

基本参数	
长度	8.29 米
宽度	3.37 米
高度	2.70 米
质量	42.2 吨
最大行程	600 千米
最大速度	65 千米 / 小时

“豹”1（Leopard 1）坦克是由联邦德国于 20 世纪 60 年代研制的主战坦克。除德国外，世界上还有 11 个国家采用了“豹”1 坦克。

•研发历史

“豹”1 坦克源于联邦德国和法国于 1956 年共同草拟的设计欧洲型主战坦克的联合要求。之后意大利也于 1958 年加入，目的是要取代三国所使用已过时的美制坦克。根据协议，德法两国要各自研发一种坦克作为评估测试，最后选择其中一种作为三国

“豹”1 坦克前方视角

共同使用的坦克。由于联邦德国和法国在坦克设计上的意见分歧，合作项目未能继续，联邦德国继续发展“豹”1坦克，而法国研发出AMX-30坦克。意大利先是购买美国M60坦克，1970年又购买了200辆“豹”1坦克，之后更获得特许生产权，成为继联邦德国后第二个生产“豹”1坦克的国家。

“豹”1坦克主要由克劳斯·玛菲有限公司军械分部和克虏伯·马克机械制造有限公司生产。除装备德国和意大利外，比利时（334辆）、澳大利亚（90辆）、巴西（250辆）、加拿大（237辆）、黎巴嫩（40辆）、荷兰（468辆）、挪威（78辆）、土耳其（157辆以上）、希腊（276辆）、丹麦（120辆）、智利（150辆）和厄瓜多尔（30辆）等国家也有采用。由于现代化的技术升级，许多型号被升级改造后持续使用至今。

•武器构造

“豹”1坦克的主炮为英国L7线膛炮，炮塔是带有弧度曲面组成的铸造件，炮塔两侧各有一个突出的光学测距仪，炮塔后方有个杂物篮，车顶有一挺由上弹兵操作的MG3防空机枪，而其同轴机枪也是MG3。除此之外，“豹”1坦克的车轮为7对，并以扭力杆式悬挂系统承载，除了第4和第5对车轮之外，其余都有油压减振器，数目较多的车轮可以减少车高和接地压力。

外展中的“豹”1坦克

•作战性能

“豹”1坦克的射击控制由炮手全权负责，车长则专心搜索目标。找到目标后只需简单操作，炮塔就会自动转到目标方位，方便炮手瞄准后开火。车长位置除了有360度观测窗之外，还有和炮手一样的操作设备，必要时也可以操作主炮进行瞄准后开火。

虽然“豹”1坦克（42.5吨）比AMX-30坦克（36吨）要重，但由于使用由MTU公司研发的610千瓦MB838CaM-500柴油发动机，故两者机动性能相差无几。“豹”1坦克可以涉水深2.25米，若加上通气管更可涉水深达4米。总体来说，“豹”1坦克在机动力、火力和防护力三方面都有均衡而良好的表现。

“豹”1坦克侧后方视角

No. 86 德国“豹”2 主战坦克

基本参数	
长度	7.69 米
宽度	3.70 米
高度	2.79 米
质量	62 吨
最大行程	470 千米
最大速度	70 千米 / 小时

“豹”2 坦克是德国联邦国防军的主战坦克，共有 A1 ~ A6 等多个型号。该坦克被公认为当今性能最优秀的主战坦克之一，在同时代的西方主战坦克中拥有极为突出的外销成绩，这也使其至今仍不断推出修改型以满足不同的需求。

•研发历史

“豹”2 坦克是联邦德国在 20 世纪 70 年代研制的主战坦克，其技术源于当时联邦德国和美国的 MBT-70 计划，由克劳斯 · 玛菲有限公司制造。“豹”2 坦克是西方国家中最先使用 120 毫米口径主炮以及 1103 千瓦柴油发动机、高效冷却系统、指挥

士兵与“豹”2 坦克

仪式火控系统和液压传动系统的主战坦克，其性能非常先进，发展出了A1~A6等多种型号，被世界多个国家的军队采用。从研制成功到20世纪末，“豹”2坦克一共生产了大约3100辆。

德国的军事装备习惯采用动物名称命名，例如“黄鼠狼”步兵战车、“猫鼬”步兵战车、“豹”1坦克和二战时期的德国“虎”式坦克、“豹”式坦克等都源于动物，“豹”2也是如此。除德国外，土耳其、奥地利、新加坡、西班牙、瑞典、瑞士、智利、加拿大、丹麦、芬兰、希腊、荷兰、挪威等国家均采用了“豹”2坦克。

•武器构造

“豹”2坦克的火控系统由光学、机械、液压和电子件组成，采用稳像式瞄准镜，具有很高的行进间对运动目标射击命中率。此外，还安装有激光测距仪、热成像仪以及多种其他电子设备。

“豹”2坦克后方视角

“豹”2坦克安装有集体式三防通风装置，其空气过滤器可从外部更换，并配有乘员舱灭火抑爆装置（从第5批生产型开始）。该坦克的车体和炮塔采用的是间隙复合装甲，车体前端为尖角形，并对侧裙板进行了增强。

•作战性能

“豹”2坦克使用莱茵金属公司的120毫米滑膛炮，炮管内膛表面进行了镀铬硬化处理，具有较强的抗疲劳性和抗磨损性，发射标准动能弹的寿命为650发。该炮主要使用尾翼稳定脱壳穿甲弹和多用途破甲弹，尾翼稳定脱壳穿甲弹型号为DM13，初速度为1650米/秒，最大有效射程约为3500米。多用途破甲弹型号为DM12，初速度为1143米/秒。

“豹”2坦克正在开火

此外，“豹”2坦克的机动性能较强，最大越野速度为55千米/小时，公路速度达到70千米/小时。在没有准备的情况下可通过1米深的水域，稍做准备后涉水深度可达2.35米，并可越过1.1米高的垂直矮墙和3米宽的壕沟。

No. 87 日本 10 式主战坦克

基本参数	
长度	9.42 米
宽度	3.24 米
高度	2.30 米
质量	44 吨
最大行程	440 千米
最大速度	70 千米 / 小时

10 式坦克是由日本陆上自卫队以新中期防卫力整备计划为基础所开发的主战坦克，从试作到生产皆由三菱重工负责，2012 年 1 月开始正式服役于陆上自卫队。

•研发历史

21 世纪初，日本要求陆上自卫队形成快速的反应能力，以应对反恐怖战争和反登陆作战。为此，陆上自卫队需要全新的数字化战车以替换老旧的 74 式坦克。由于冷战时期研制的 90 式坦克过于沉重，只适合在北海道服役，因此必须研发全新一代主战坦克，代号为 TK-X。新坦克由日本防卫省技术研究

展览中的 10 式坦克

本部研发，三菱重工承包生产，全部计划研发时间是 2002 ~ 2009 年，2002 ~ 2003 年主要用于研究，2004 ~ 2009 年用于试验。实际研发过程与原计划基本一致，10 式坦克于 2010 年 7 月 11 日在日本陆上自卫队富士学校进行了机动性展示，同年小批量装备 10 辆。在定型批量生产之后，10 式坦克将取代和补充日本陆上自卫队现役的 74 式和 90 式坦克。

•武器构造

10 式坦克的主炮为 90 式坦克所装备的 120 毫米滑膛炮升级版，原型车的主炮为日本制钢所制的国产 44 倍径 120 毫米滑膛炮，同时更强穿甲力的新型穿甲弹也正在开发。日后 10 式坦克可能会换装威力更强大的 120 毫米 55 倍径主炮。该坦克炮塔尾舱内设有一个水平式自动装弹机。辅助武器为 1 挺勃朗宁 M2 重机枪（车顶）和 1 挺 74 式车载机枪（同轴）。

10 式坦克前方视角

10 式坦克的正面为内装式复合装甲，由于使用了碳纤维和陶瓷等材料，其装甲质量大大下降，基本质量为 40 吨，战斗全重为 44 吨，增加装甲最大限度为 48 吨。炮塔两边的模块式装甲是用螺栓固定的，安装和拆卸都很容易。这种模块式装甲是和德国“豹”2 坦克类似的间隙式装甲，除作为储物箱外，还有可能在必要时在中间增加装甲板。此外，10 式坦克的定位是城市作战坦克，其四周的探测装置是一种复合探测器，并不只有激光探测器，另外还有红外成像传感器和被动式厘米波极高频雷达探测器。

•作战性能

10 式坦克采用 V 型 8 气缸四行程水冷柴油引擎，功率为 882 千瓦，变速等机动性能比 90 式坦克更强。从 74 式坦克开始，日本坦克就使用液压悬挂系统，10 式坦克也不例外，这样可以更适合日本多山的地理环境，提高机动能力。10 式坦克的推重比虽然比不上 90 式坦克，但是由于无级变速技术的使用，使得发送机动力输出损耗大大降低，动力输出也更加稳定。

行驶中的 10 式坦克

No. 88 日本 90 式主战坦克

基本参数	
长度	9.76 米
宽度	3.33 米
高度	2.33 米
质量	50.2 吨
最大行程	350 千米
最大速度	70 千米 / 小时

90 式坦克是日本研制的第三代坦克，于 1990 年进入日本陆上自卫队服役，是日本陆上自卫队现役的主要主战坦克之一。

●研发历史

90 式坦克是日本陆上自卫队装备的第三代坦克，该坦克主要用于取代 61 式坦克和部分 74 式坦克，其研制工作始于 20 世纪 70 年代中期。1982 年开始进行第一次整车试制，1990 年进入日本陆上自卫队服役。90 式坦克的研制总经费约 300 亿日元，每辆造价高达 12.1 亿日元（约 850 万美元）。日本陆上自卫队原计划采购 800 余辆，但因

90 式坦克前方视角

价格昂贵，采购数量大致控制在 400 辆以下。

日本坦克的命名方式比较简单，即采用定型年代命名。90 式坦克最初称为 TK-X 坦克，意为“试验中的坦克”。因曾预计新坦克在 1988 年或 1989 年定型，故相继又称为 88 式和 89 式坦克。但是由于研制周期拖长，定型日期推迟到 1990 年，故最终定名为 90 式坦克。

•武器构造

90 式坦克为传统的炮塔式坦克，车体和炮塔均用轧制钢板焊接而成。驾驶舱在车体左前方，车体中部是战斗舱，其上是炮塔。车体后部为动力传动舱。炮塔内有 2 名乘员，车长位于火炮右侧，炮长位于左侧。驾驶舱上装有若干个潜望镜，其中也可装入红外夜视仪。90 式坦克的轮廓和框架与德国“豹”2 坦克相似，车体和炮塔的形状扁平、方正，但高度和质量比“豹”2 要矮小及轻很多，车下部负重轮和车上部烟幕弹发射器也少。总而言之，外形尺寸小和低矮车身是 90 式坦克的主要外部特征。此外，该坦克的火控系统比较先进，由激光测距仪、热成像仪、车长观测装置、炮长观测装置和火控电脑等部件组成，具备较高的行进间射击精度。

90 式坦克前侧方视角

90 式坦克的装甲防护主要采用复合装甲，炮塔正面为垂直装甲，并未采用欧洲和美国主流的倾斜 45 度。在车体和炮塔前部使用复合装甲，而其他部位则采用了间歇装甲。此外，该坦克还安装有三防装置，即便在全封闭的情况下也能够作战数小时。

•作战性能

90 式坦克使用的弹药主要为尾翼稳定脱壳穿甲弹和多用途破甲弹两种，其中尾翼稳定脱壳穿甲弹的初速度达到 1650 米 / 秒，破甲弹为 1200 米 / 秒，备弹 40 发。90 式坦克的发动机为日本三菱公司制造的涡轮增压柴油发动机，输出功率为 1103 千瓦。传动装置为带液力变矩器的自动变速、静液转向式传动装置和电动液压操纵装置。该坦克采用液气和扭杆混合式悬挂装置，负重轮为每侧 6 个，其中第 3、4 个负重轮采用扭杆悬挂，第 1、2、5、6 个负重轮为液气悬挂。坦克最大时速为 70 千米 / 小时，最大行程 350 千米。

准备作战的 90 式坦克

No. 89 韩国 K1 主战坦克

基本参数	
长度	9.67 米
宽度	3.60 米
高度	2.25 米
质量	51.1 吨
最大行程	500 千米
最大速度	65 千米 / 小时

K1 主战坦克由美国通用公司和韩国现代公司联合研制，是韩国陆军目前的主要装备之一。

•研发历史

1979 年，韩国向美国发出帮助韩国发展坦克的提议，并得到数家美国公司的响应。1980 年，韩国选定克莱斯勒的子公司——克莱斯勒防务公司，该公司于 1982 年并入美国通用公司，1983 年生产出第一辆 XK1 样车，1987 年进入韩国军队服役。

准备出战的 K1 坦克

K1 坦克是以美国 M1“艾布拉姆斯”坦克为模板进行设计的，并根据韩国的地貌进行了修改。该坦克也被称为 88 坦克，这是为了纪念 1988 年的汉城奥运会而被冠上的非正式官方名称。K1 坦克的主要用户为韩国陆军，预计 K1A1 和之后的 K1A2 将替换韩国所有的老式坦克。

•武器构造

韩国士兵与 K1 坦克

K1 坦克的总体布置与美国 M1“艾布拉姆斯”主战坦克基本相同，外形十分相似。与 K1 相比，K1A1 的主炮外形明显不同，同轴机枪位置、车长瞄准器和炮塔外形角度（A1 更弯曲）也都有差异。K1A1 的 120 毫米滑膛炮比 K1 的 105 毫米线膛炮多一个隔热套筒，在炮管 1/3 长的地方。同轴机枪的安装位置比 K1 更高。K1A1 采用的 KGPS 炮手日夜瞄准器比 K1 的单纯日间瞄准器外形更圆滑，像一根圆柱体突出车外。

•作战性能

K1 坦克采用复合装甲，具备一定的动能弹和化学能弹防护能力。其外形尺寸也尽量紧凑，以降低中弹率。

K1 坦克使用德国 MTU 公司的柴油发动机，输出功率为 883 千瓦，采用吊杆与气动混合式悬挂，最大行驶速度为 65 千米 / 小时，最大行程 500 千米。该坦克的悬挂系统可以让车轮做出“坐、站、跪”三种坦克专业术语中的姿势。坐姿可以让坦克有较小的轮廓外形，战场上容易掌握道路控制权。站姿可让坦克有较高越野性能。前后跪姿可加大坦克炮管仰角或俯角，以便命中低洼地的目标或往上打位置较高的据点，甚至是低空飞机。K1 坦克还能攀爬仰角 60 度以下的陡坡。

编队出行的 K1 坦克

No. 90 韩国 K2 主战坦克

基本参数	
长度	10.00 米
宽度	3.10 米
高度	2.20 米
质量	55 吨
最大行程	不详
最大速度	70 千米 / 小时

K2 坦克是韩国新一代主战坦克，由韩国国防科学研究所（ADD）使用外国和本国技术混合研发而成，于 2011 年开始量产。

•研发历史

虽然 K1 坦克和改良的 K1A1 坦克已经足够满足韩国陆军的作战需求，但韩国依然于 1995 年开始研发新坦克并着重于国内科技的采用。韩国国防科学研究所花费 11 年时间和 2.3 亿美元，最后终于到量产前测试阶段。新坦克超过 90% 的零件是国产件，例如 Rotem 公司（现代汽车

编队出行的 K2 坦克

子公司）、三星科技和世界工业等韩国公司都负责生产各种零件。2003 年，ADD 曾公布一些图片和影片，表示 K2 坦克已经有实战能力。2007 年，3 辆样车生产完成。韩国计划装备 680 辆，目前已生产了 320 辆。

•武器构造

K2 坦克具备一系列新型电子防御功能，其所装备的激光探测器可以即时告知乘员敌方激光束来自何方，并给予干扰屏蔽。此外，K2 坦克还在 K1 坦克的基础上对机械以及电子系统进行了大量改进，并使用了耐蚀、耐热的合金装甲。

K2 坦克侧方视角

外展中的 K2 坦克

•作战性能

K2 坦克配备的武器包括引进的德国 L55 身管 120 毫米滑膛炮，具有自动装填弹药和每分钟可以发射多达 15 发炮弹的能力。该炮可以在移动中发射，即使在地势崎岖的地方也不受影响。韩国同时从德国引进了一批 DM53 穿甲弹，使用 DM53 穿甲弹时在 2000 米距离上可以轻易穿透 780 毫米厚度北约标准钢板，由于德国对 DM53 穿甲弹输出韩国有数量限制，韩国还自己开发了一种钨合金穿甲弹，可在 2000 米距离击穿 600 毫米厚度北约标准钢板。

除此之外，K2 坦克另一个突出特点就是可利用一个水下通气管，迅速潜入水中达 4.1 米的深度，一旦浮出水面后就可以立刻投入战斗。

K2 坦克正在开火

作战中的 K2 坦克

No. 91 意大利 C1 “公羊”主战坦克

基本参数	
长度	9.52 米
宽度	3.61 米
高度	2.45 米
质量	54 吨
最大行程	600 千米
最大速度	65 千米 / 小时

C1“公羊”坦克是意大利陆军的第三代主战坦克，由意大利国内自行研制与生产，并于 1995 年开始服役至今。

•研发历史

1982 年，意大利提出研制新型主战坦克的计划，以替换 300 辆旧式的美制 M60“巴顿”坦克。新坦克由多家公司共同研制，其中奥托 · 梅莱拉公司（Oto Melara）公司研制主炮塔和主炮管，菲亚特（FIAT）公司研制车身，依维柯（Iveco）公司研制动力装置，伽利略（Galileo）公司研制火控系统，塞克尔（Sekur）公司研制核生化防护装置。

C1 坦克侧方视角

1984 年，“公羊”坦克完成整体规划及系统设计，首辆原型车于 1986 年推出，1988 年时已经完成六辆原型车。虽然这是二战后意大利第一次开发的国产坦克，但是大量采用 120 毫米滑膛炮和复合装甲等战后世界先进技术，因此整体性能尚算优秀。每辆“公羊”坦克的制造成本约为 70 万美元，意大利陆军原本在 1994 年之前预定购买 300 辆“公羊”坦克，后来因为国家财政危机和冷战终结，“公羊”坦克在军费预算中被优先削减。目前，意大利正在进行“公羊”MK-2 的研发，预计配置 500 辆。

● 武器构造

“公羊”坦克分 3 个舱室：右前部是驾驶舱，中部是战斗舱，发动机和传动装置位于车体后部。驾驶员位置有 3 个潜望镜，中间一位置可换为被动式夜视潜望镜。炮塔在车体中部上方。该坦克有 3 名乘员，车长在炮塔右侧，炮长在车长前下方，装填手在炮塔左侧。这也是第三代主战坦克的常规布置方式。

士兵与 C1 坦克

除此之外，“公羊”坦克的车体和炮塔均采用焊接结构，车体前方和炮塔正面采用复合装甲，其他部位则均为钢质装甲。该坦克的第一、第二负重轮位置处的装甲裙板也采用了复合装甲，可以有效防御来自侧面的攻击，保护坦克的驾驶员。作为第三代主战坦克，“公羊”坦克也配备了超压式全密封三防系统、自动灭火抑爆装置和烟雾发射装置。

● 作战性能

“公羊”坦克的主要武器是一门奥托 · 梅莱拉公司生产的 120 毫米滑膛炮，为德国 RH120 坦克炮的仿制品，弹药也可与 RH120 通用。“公羊”坦克可携带 42 发炮弹，其中 15 发储存于炮塔尾舱，27 发储存于车体内。该坦克主要使用钨合金穿甲弹，还可携带多用途弹。

“公羊”坦克的辅助武器包括 1 挺与主要武器并列安装的 7.62 毫米机枪和 1 挺安装在车长指挥塔盖上的 7.62 毫米高射机枪，高射机枪可由车长在车内遥控射击。

前进中的 C1 坦克

No. 92 意大利 OF-40 主战坦克

基本参数	
长度	9.22 米
宽度	3.51 米
高度	2.45 米
质量	45.5 吨
最大行程	600 千米
最大速度	60 千米 / 小时

OF-40 坦克是意大利陆军主力主战坦克之一，出口希腊、泰国、阿联酋等国家。

•研发历史

OF-40 坦克是奥托·梅莱拉公司于 1977 年专门为开发国外市场而自行投资研制的。主要针对发展中国家，尤其是中东国家的需要。虽然这些国家需要新坦克，但又觉得像 M1 和挑战者等坦克的价格过于昂贵。OF-40 坦克是在“豹”1 主战坦克的基础上改进而成的，第一个型号 OF-40MK1 坦克的第一辆样车于 1980 年制成，其部件类似于后期生产的“豹”1 A4 坦克。坦克型号的含义是，OF 代表两家公司的第一个字母，40 表示该坦克的计划质量为 40 吨。

二战中的 OF-40 坦克

•武器构造

战争中的 OF-40 坦克

OF-40 坦克的车体用焊接方法制成，分为 3 个舱，驾驶舱在车体前右部，战斗舱在车体中部，动力舱位于车体后部。驾驶员位置有 1 个单扇舱盖舱口，舱盖升起后能够向左转动，以便出入驾驶舱和开舱驾驶，驾驶员前面有 3 个潜望镜，中间 1 个在夜间驾驶时可换成微光潜望镜，座椅后的底甲板上开有安全门，驾驶舱左边的车体前部空间装有三防装置。另外，炮塔两侧各安装有 1 组由 4 个烟幕发射器组成的烟幕装置，由乘员在车内遥控发射。其中，该坦克的制动系统包括行车、停车和应急 3 种操纵系统，行车制动靠液压操纵，停车制动由人工机械操纵，应急制动为液压机械操纵。

•作战性能

OF-40 坦克的主要武器是 1 门 105 毫米线膛炮，炮管上装有抽气装置和热护套，炮管长为口径的 52 倍，能够发射北约组织的所有制式 105 毫米弹药，其中包括榴霰弹、破甲弹、碎甲弹、烟幕弹以及尾翼稳定脱壳穿甲弹，训练有素的乘员可达到每分钟 9 发的射速。

展览中的 OF-40 坦克

No. 93 南斯拉夫 M-84 主战坦克

基本参数	
长度	9.53 米
宽度	3.57 米
高度	2.19 米
质量	41.5 吨
最大行程	700 千米
最大速度	68 千米 / 小时

丛林中的 M-84 坦克

M-84 坦克实际上是南斯拉夫获准生产的苏联 T-72 主战坦克，并装备了一系列自行制造的子系统。M-84 坦克的车体前部装甲倾斜明显，驾驶员位于车体中上部，车前有 V 形防浪板，炮塔位于车体中部，动力和传动装置后置，发动机排气口位于车体左侧最后一个负重轮上方。

除此之外，M-84 坦克采用半球形炮塔，凸起的舱盖右侧装有 1 挺 12.7 毫米机枪，储物箱位于车体后部右侧，125 毫米火炮装有热护套和抽气装置，火炮右侧装有红外线探照灯。 必要时，车尾能够携带自救木和附加燃料桶。炮塔顶前部装有火控系统使用的柱式传感器，车体两侧各有 6 个负重轮，主动轮后置，诱导轮前置，有 3 个托带轮，其中悬挂装置上部通常装有橡胶裙板。

M-84 坦克前侧方视角

No. 94 南斯拉夫 M-95 主战坦克

基本参数	
长度	10.10 米
宽度	3.60 米
高度	2.20 米
质量	48.5 吨
最大行程	700 千米
最大速度	72 千米 / 小时

★ 行驶中的 M-95 坦克

M-95 主战坦克是南斯拉夫 M-84 主战坦克的后续型号，而 M-84 主战坦克又是苏联 T-72 主战坦克的改进型。与 M-84 主战坦克和 T-72 主战坦克相比，M-95 主战坦克的新型全焊接钢装甲炮塔更易于制造。此外，该坦克的炮塔外还披挂了一种新型爆炸反应装甲，覆盖了从底盘前弧部到坦克前端的部分以及侧裙板，为坦克提供了极高的战场生存能力。

M-95 主战坦克的主要武器为 1 门 125 毫米 2A46 滑膛炮，其车体前上装甲倾斜明显，驾驶员位于车体前部中央，动力和传输装置后置，发动机排气口位于车体左侧左后一个负重轮上方。炮长瞄准镜在炮塔顶左部，车长指挥塔外部右侧装有 1 挺 12.7 毫米机枪。炮塔两侧各有 6 个烟幕弹发射器，左侧装有方向向后的通气管。

No. 95 瑞士 Pz61 主战坦克

基本参数	
长度	9.45 米
宽度	3.06 米
高度	2.72 米
质量	39 吨
最大行程	250 千米
最大速度	55 千米 / 小时

Pz61 主战坦克是瑞士于 20 世纪 60 年代自行研制的第一代坦克，总产量为 150 辆。

•研发历史

1961 年，瑞士联邦制造厂制造出 10 辆试生产型的坦克，正式定型后被命名为 Pz61 主战坦克。该坦克突出了“引进与独立研制并重的原则”，在车辆布局、性能上突出了瑞士的特色，一些重要部件则从国外引进。1968 年，瑞士又完成了对 Pz61 主战坦克的重大改进，改进后的坦克就称为 Pz68 主战坦

游行中的 Pz61 坦克

克。1974 年，推出了 Pz68 的改进型 Pz68 Ⅰ。1985 年，又推出了 Pz68 Ⅰ的改进型 Pz68 Ⅱ。

•武器构造

Pz61 坦克采用传统的炮塔，车体和炮塔均为整体铸件，车体分为 3 个舱，前部是驾驶舱，中部是战斗舱，后部是动力舱。其中炮塔是一个铸造的近似半圆的球体，内部右侧是车长和炮手，左侧是装填手，车长位置的瞭望塔有 8 个观测窗，但由于高度比装填手的瞭望塔略低，因此视野也略微受阻。

外展中的 Pz61 坦克

•作战性能

Pz61 坦克采用德国 MB 837 V8 水冷柴油机，其中一台 CM636 柴油机为辅助动力。除此之外，Pz61 坦克采用方向盘控制，十分轻便，不仅如此，车内还装有 1 部 se-407 电台，有效通信距离为 25 千米。

前进中的 Pz61 坦克

No. 96 瑞士 Pz68 主战坦克

基本参数	
长度	9.49 米
宽度	3.14 米
高度	2.72 米
质量	40.8 吨
最大行程	200 千米
最大速度	55 千米 / 小时

★ 外展中的 Pz68 坦克

Pz68 主战坦克是 Pz61 主战坦克的改进型，主要改进包括安装了火炮双向稳定器、模拟式弹道计算机和红外探照灯等，使坦克具备了行进间射击和夜战能力。另外，Pz68 坦克更换了功率更大的发动机，其质量增加了，机动性并未提高。Pz68 主战坦克和 Pz61 主战坦克在外形上的区别很小，主要是 Pz68 坦克在炮塔左侧有弹药补充舱口。

1974 年，推出了 Pz68 的改进型 Pz68 Ⅰ，主要是加装了火炮热护套，加厚了瞄准镜四周的装甲盖板。1985 年，又推出了 Pz68 Ⅰ的改进型 Pz68 Ⅱ，主要是增大了炮塔尺寸，安装新型火炮双向稳定器、新型炮长瞄准镜和新的液压冷却装置。此外，Pz68 坦克还有许多变型车，如自行高射炮、装甲抢救车、155 毫米自行榴弹炮、装甲架桥车等。

★ 装有保护甲的 Pz68 坦克

★ 淤泥中的 Pz68 坦克

No. 97 以色列“梅卡瓦”主战坦克

基本参数	
长度	9.04 米
宽度	3.72 米
高度	2.66 米
质量	65 吨
最大行程	500 千米
最大速度	64 千米 / 小时

“梅卡瓦”坦克是以色列研制的一种主要侧重于防御的主战坦克，该坦克于 1978 年开始服役，并发展出了 4 代。

●研发历史

“梅卡瓦”坦克是当今世界上最具活力和特色的主战坦克之一，是世界主战坦克排行榜上的常客。“梅卡瓦”在希伯来语中意为“战车”。该系列坦克一共发展了四代，分别为“梅卡瓦”Ⅰ、“梅卡瓦”Ⅱ、“梅卡瓦”Ⅲ和“梅卡瓦”Ⅳ。

★“梅卡瓦”坦克前侧方视角

“梅卡瓦”坦克的研制最早可以追溯到 1970 年，当时以色列召开了由财政部部长主持的国防部、财政部以及其他

相关人士参与的会议，会议结果决定以色列自主研制第一款主战坦克。1979 年，第一辆“梅卡瓦”坦克交付以色列国防军，全重达 63 吨，是当时世界上最重的主战坦克，也是当时世界上防护能力最强的主战坦克，其后大量生产。

“梅卡瓦”坦克与世界主流主战坦克相比极具特色，它不但将发动机前置，提高坦克正面的防护能力，而且还拥有一门 60 毫米迫击炮作为辅助武器。此外，该坦克还可以搭载 5~6 名步兵，兼具了步兵战车的功能。截至 2012 年 3 月，“梅卡瓦” Ⅰ型的产量为 250 辆，“梅卡瓦” Ⅱ型的产量为 580 辆，“梅卡瓦” Ⅲ型的产量为 780 辆，“梅卡瓦” Ⅳ型的产量为 360 辆（该型号仍在生产，预计总产量将达到 700 辆）。由于以色列处在世界热点地区之一的中东，“梅卡瓦”坦克曾参与多次武装冲突。在 1982 年的黎以冲突中，“梅卡瓦”坦克以较小的代价击毁叙利亚 19 辆 T-72 坦克。

• 武器构造

“梅卡瓦”坦克非常注重防护性能，其中防护部分的质量占到整车质量的 75%，相较其他坦克的 50% 要高出不少。该坦克的炮塔扁平，四周采用了复合装甲，这种炮塔外形可有效减少正面和侧面的暴露面积，降低被敌军命中的概率。“梅卡瓦”坦克的车体四周也挂有模块化复合装甲，并在驾驶舱内壁敷设了一层轻型装甲，以加强驾驶员的安全。为了抵抗地雷袭击，该坦克还对底部装甲进行了强化。此外，为了增强坦克正面的防护力，“梅卡瓦”坦克还采用了一项比较特别的设计，即将发动装置前置。

“梅卡瓦”坦克前侧方视角

• 作战性能

“梅卡瓦”坦克已经发展了 4 代，第一代“梅卡瓦”使用的主炮为 105 毫米线膛炮，但从第三代开始换装了火力更强的 120 毫米滑膛炮。该坦克炮可发射专门研制的新型穿甲弹以及炮射导弹。“梅卡瓦”坦克的辅助武器相比其他主流主战坦克多了一门 60 毫米迫击炮，该迫击炮可收进车体，且能够遥控发射，主要用于攻击隐藏在建筑物后面的敌方人员。

除此之外，“梅卡瓦”坦克的最初型号使用的是 662 千瓦的柴油发动机，到第四代“梅卡瓦”时换用了德国 MTU 公司的 1103 千瓦发动机，传动系统为 5 挡自动排挡箱，并采用了性能优秀的悬挂系统。

“梅卡瓦”坦克正在开火

No. 98 西班牙“豹”2E 主战坦克

基本参数	
长度	7.70 米
宽度	3.70 米
高度	3.00 米
质量	63 吨
最大行程	500 千米
最大速度	72 千米 / 小时

“豹”2E 坦克是德国“豹”2 主战坦克的一种衍生型，“E”代表西班牙语中的西班牙。该坦克为西班牙陆军采用现代化军备，并结合其要求设计而成，预计将服役到 2025 年。

●研发历史

虽然关于西班牙“豹”2E 坦克的生产合约已在 1998 年签订，当时预计每月生产 4 辆，但第一批的“豹”2E 直到 2003 年才被生产出来。克劳斯 - 玛菲 · 威格曼公司于 2003 ~ 2006 年已交付 30 辆“豹”2E。由圣塔巴巴拉系统公司所生产的“豹”2E 装配一直被延迟。

西班牙军队中，“豹”2E 取代了机械化部队的“豹”2A4，而“豹”2A4 则取代了骑兵部队的 M60。这两种“豹”2 坦克预计将会在西班牙军队持续服役至 2025 年。就工业规模的角度来看，“豹”2E 的研制与生产共花了 2.6 万个工作小时，其中包括在德国的 9600 个工作小时，它也是全“豹”式坦克系列中生产最为昂贵的种类之一。

游行中的“豹”2E 坦克

•武器构造

“豹”2E 坦克以“豹”2A6 坦克为基础，并采用“豹”2A5 坦克炮塔上附加的楔形装甲。该装甲使得炮塔抵挡尾翼稳脱壳穿甲弹的能力得到提升。类似于瑞典的“豹”2S 坦克，“豹”2E 在车体斜侧、炮塔正面和炮塔顶部增加了厚重装甲，使其全重达到 63 吨。该车于生产过程中就将装甲加以装配，而非如德国“豹”2A5 和“豹”2A6 生产后再附加 。因此，“豹”2E 是现役“豹”2 系列坦克中防护力最强的一种。“豹”2E 的主要武器是莱因金属公司生产的 120 毫米 L/55 坦克炮，辅助武器为 2 挺 7.62 毫米 MG3 通用机枪。

士兵与“豹”2E 坦克

“豹”2E 坦克侧方视角

•作战性能

“豹”2E 坦克的炮塔与前斜侧有比“豹”2A6 坦克还要厚重的装甲，防护能力极强。另外，该坦克的动力装置为 MTU MB 873 Ka-501 柴油发动机，最大速度可达 72 千米 / 小时。

“豹”2E 坦克正在开火

No. 99 瑞典 S 型主战坦克

基本参数	
长度	9.00 米
宽度	3.80 米
高度	2.14 米
质量	42 吨
最大行程	390 千米
最大速度	50 千米 / 小时

S 型坦克是瑞典研制的主战坦克，全称 103 型坦克（瑞典语：Stridsvagn 103，简称 Strv103），20 世纪 60 年代开始进入瑞典陆军服役并持续到 90 年代。

•研发历史

S 型坦克的研制始于 1957 年，主承包商是瑞典博福斯公司，子承包商主要是拉茨维克公司（负责悬挂装置）和沃尔沃公司（负责发动机）等。研制时充分考虑了瑞典的河流、湖泊较多，北部地区沼泽遍布、长期严寒、冰雪覆盖和国内重型桥梁极少等地理和气候条件，并考虑了二战中各国坦克的使用和中弹情况以及装甲部队的战术使用要

展览中的 S 型坦克

求等因素，从而把车高、车重及火力作为主要性能指标，要求车重不超过 37 吨，决定放弃旋转式炮塔，研制一种采用固定的 105 毫米火炮、液气悬挂和自动装填的无炮塔型坦克。

1958 年，博福斯公司开始新坦克样车设计，1961 年底完成 2 辆样车。1960 年，瑞典陆军订购 10 辆预生产型车。1966 年开始批量生产，1967 年开始交付装备，一直持续到 1971 年 6 月，共制造了 300 辆。后期生产的 S 型坦克安装了浮渡围帐和 2 个炮管固定架，在车首安装了可伸展的推土铲，并定型为 Strv103B 型坦克，随后把早期生产的所有 A 型坦克均改进成 B 型，于 1972 年装备部队。Strv103B 型坦克是瑞典陆军的制式坦克，装备陆军 3 个装甲旅并将使用到 20 世纪 90 年代，之后逐渐被德国“豹”2 坦克取代。

•武器构造

S 型坦克总体布置独特，火炮固定在车体前部中心线上，车内发动机和传动装置前置，可对乘员起防护作用，中部是战斗舱，车后部放置弹药和自动装填装置。战斗舱内 3 名乘员基本上位于同一高度，车长在战斗舱的右侧，居坦克最高点，驾驶员兼炮长在左侧，其后面是机电员，两人背靠背就座。战斗舱内车底板上开有安全门，车内无通话装置。该坦克高度较低，车体顶的高度仅为 1.9 米。在车体前部装甲板下方固定安装有升降式推土铲，依靠车体的俯仰进行推土等作业。

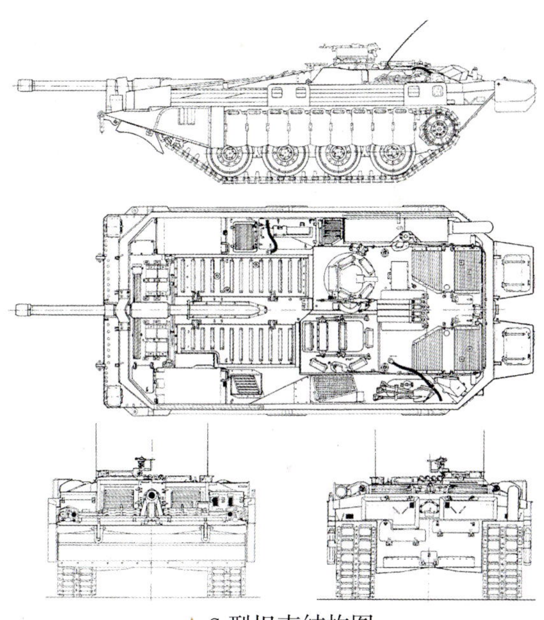

★ S 型坦克结构图

•作战性能

S 型坦克采用了燃气轮机和柴油机双机联动的动力装置，动力舱内燃气轮机在左侧，柴油机在右侧，总输出功率为 537 千瓦。主机为 K-60 型 2 冲程对置活塞式多种燃料发动机，最大功率为 176 千瓦，可燃烧柴油、煤油和汽车等多种燃料。副机为波音 553 型双轴燃气轮机，最大功率为 360 千瓦。在车辆高速行驶或在复杂地形和恶劣路面上行驶时，两台发动机同时使用。燃气轮机也可单独使用，尤其是在低温条件下，可用燃气轮机启动柴油机以对车辆进行低温启动。

S 型坦克前方视角

No. 100 印度“阿琼”主战坦克

基本参数	
长度	10.19 米
宽度	3.85 米
高度	2.32 米
质量	58.5 吨
最大行程	400 千米
最大速度	72 千米 / 小时

“阿琼”主战坦克是印度耗费 30 多年研制的一款第三代坦克，其名称来源于印度史诗摩诃婆罗多中人物阿周那。“阿琼”坦克主要装备印度陆军，暂未出口到其他国家和地区。

•研发历史

“阿琼”坦克是世界上研制时间最长的主战坦克。早在 1972 年，印军就提出使用新一代主战坦克来替代老式的“胜利”主战坦克，同年 8 月正式开始新型主战坦克方案研究。1974 年，印度政府批准“阿琼”坦克的研制计划并拨款。1983 年，因样车研制失败推迟计划。1984 年，研制出 2 辆样车。1988 年，10 辆样车生产

外展中的“阿琼”坦克

完成，并将其中6辆提交军方进行试验。1991年，印度陆军提议放弃“阿琼”研制计划，但被否决。1996年，样车出现重大故障。直到2007年，印度国防部才宣布“阿琼”坦克已能够服役。同年，“阿琼”坦克出现发动机故障，不过印度军方称已经请德国原厂帮助解决。

由于印度基础军事工业的不足，导致“阿琼”坦克至今仍需大量进口欧洲和美国的零件进行拼装，虽然原型车有73%的部件都是自行制造，但实际生产时国产化率仅为40%。由此一来，“阿琼”坦克就丧失了国产的意义。2011年，印度宣布改进型“阿琼”坦克的研发工作完成，其改进之处达93项，据称改进型“阿琼”坦克的国产率达到了90%。

•武器构造

“阿琼”坦克的火控系统由巴拉特电子有限公司研制，其由热成像瞄准镜、弹道计算机、激光测距仪以及多种传感器组成。“阿琼”坦克的辅助武器为1挺7.62毫米并列机枪和1挺12.7毫米高射机枪，另外炮塔两侧还各有一组烟幕弹发射装置。

游行中的“阿琼”坦克

此外，“阿琼”坦克主要着重于硬防护，采用了印度自制的“坎昌”式复合装甲，据称该装甲性能与英国的“乔巴姆”复合装甲相近，并可外挂反应装甲。不仅如此，该坦克还安装有三防装置，据报道，印度自制的“坎昌”式复合装甲在实际测试中的性能很差。

• 作战性能

“阿琼”坦克的主炮为1门120毫米口径线膛炮，该炮可以发射印度自行研制的尾翼稳定脱壳穿甲弹、破甲弹、发烟弹和榴弹等弹种，改进型还可以发射以色列制的炮射导弹。此外，“阿琼”坦克采用德国MTU公司生产的柴油发动机，输出功率高达1030千瓦。可为58.5吨重的“阿琼”坦克提供72千米/小时的最大速度，最大行程为400千米。该坦克可以越过3米宽的战壕和0.9米高的垂直矮墙，爬坡度为60%。

快速行驶的“阿琼”坦克

参考文献

[1] 军情视点．经典坦克与装甲车鉴赏指南：金装典藏版，北京：化学工业出版社，2017.

[2] [英] 克里斯多夫·福斯．简氏坦克与装甲车鉴赏指南（典藏版）．张明，刘炼译．北京：人民邮电出版社，2012.

[3] [英] 罗伯特·杰克逊．坦克与装甲车视觉百科全书．祝加深译．北京：机械工业出版社，2014.

[4] 李大光．世界著名战车．西安：陕西人民出版社，2011.

[5] 张翼．重装集结：二战德军坦克及变型车辆全集．北京：人民邮电出版社，2012.